榕树

古树名木保护

RONGSHU GUSHU MINGMU BAOHU

林 焰 陈长希 练香莲　编著
林 斌 何向荣

中国林业出版社

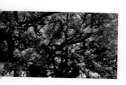

编著者
EDITORS

林　焰	福州山清水秀景观设计有限公司
陈长希	福建省长希生态环境有限公司
练香莲	福建艺景生态建设集团有限公司
林　斌	福州市花木有限责任公司
何向荣	福建荣冠环境建设集团有限公司

图书在版编目 (CIP) 数据

榕树古树名木保护 / 林焰等编著 . -- 北京：中国
林业出版社 , 2022.9
ISBN 978-7-5219-1706-2

Ⅰ . ①榕… Ⅱ . ①林… Ⅲ . ①榕属—植物保护 Ⅳ .
① S567

中国版本图书馆 CIP 数据核字 (2022) 第 094091 号

责任编辑：张华
出版发行　中国林业出版社
　　　　　（北京市西城区德内大街刘海胡同 7 号）
邮　　编　100009
电　　话　010-83143566
印　　刷　河北京平诚乾印刷有限公司
版　　次　2022 年 9 月第 1 版
印　　次　2022 年 9 月第 1 次
开　　本　710mm×1000mm　1/16
印　　张　15.5
字　　数　330 千字
定　　价　98.00 元

序　一
FOREWORD 1

　　榕树（古树名木）是城市的宝贵历史文化资源。保护榕树（古树名木），就是保护城市悠久的历史文化见证物，就是保护城市历史文脉传承，保护丰富优美的历史文化旅游景观资源，就是保护榕树文化精神成果。林焰同志从1972年知青上调就开始在福州市园林系统工作，是有49年园林专业工作经验的退休教授级高工，在园林行业耕耘多年，经过多年的实地调查考察，几十年的榕树保护（古树名木保护）设计经历，如福州榕城第一古榕规划保护、柳杉王公园规划建设保护、樟树王规划保护、千年古榕保护以及珍稀古树名木保护、鼓山涌泉寺五百年古樟树、白马河公园黎明古榕园古榕保护、仓山时代中学南洋杉保护、金山省气象中心古朴树保护、梅峰小学连理古榕保护、马尾船政文化园古榕保护，西湖公园古树名木保护等。整理出本书内容，包括10多万字、387张彩色图片、103张CAD图。

　　整理出版这些榕树保护（古树名木保护）考察与设计资料，对今后榕树（古树名木）保护及园林花木保护有积极推动、指导、借鉴意义，并能大力宣杨习总书记号召的榕树文化精神，为民造福，意义重大。

原福建省林业厅厅长

2021年12月1日

序 二
FOREWORD 2

榕树是福州的市树，是福州的象征。爱榕植榕是福州历代相承的政风民俗，逐渐形成深厚隽永的榕树文化和榕树精神。总书记在福州工作期间曾为榕树专著作跋，总结了榕树精神："具有顽强的生命力，多么贫瘠的土地，乃至乱石破崖，它都能破土而出，盘根错节，傲首云天，象征着不屈不挠的福州人精神。"

目前，在福州现存1600多株古树名木中，榕树占了近半壁江山。这些榕树见证了福州的历史变迁，保护好它们就是保护福州的历史记忆。林焰同志1977年从北京林业大学园林系毕业后就在福州市园林系统工作，对榕树保护有深入研究和丰富经验。《榕树古树名木保护》收录了福州榕树保护考察和设计的许多宝贵资料，是他数十年学问、知识和经验的结晶。透过文字和图片，我们仿佛看到林焰同志数十年如一日在保护榕树、弘扬榕树文化道路上矢志不渝、坚定前行的身影，深切体会到他对榕树的痴迷、执着和守望，这何尝不是榕树精神的生动写照。

本书的出版，相信对推动榕树（古树名木）保护及园林花木保护有重要参考价值，对传承弘扬习总书记号召的榕树精神具有深远意义。也希望有越来越多的人通过这本书，喜欢上榕树，加入到保护榕树的行列。

福建农林大学校长、教授、博士生导师

2021年12月12日

  古树名木具有重要的科学研究与历史人文价值,它既是城市历史变迁的见证,也是城市文脉的传承者,更是活的文物和宝贵的园林植物种质资源。榕树为桑科榕属多种植物的统称和泛指,业界约有1000种榕属植物,中国产近百种,多分布于西南、华南地区。园林中常用的榕属植物5~8种,近年包括品种在内的种类更增至20余种,应用广泛。榕树在中国城市中的应用历史悠久,文化积淀深厚,景观及文化价值极高,是重要的风景园林文化旅游资源。林焰同志从注重生态环境、树体、景观三方面的保护工作来系统论述古榕的保护,全面、深刻、创新性强。全书有几方面的论述值得强调与推崇。

  论述生态环境保护,确保按国标要求,即不小于古树名木树冠垂直投影5m的绿地范围,建立通风透光、生态环境良好的古树名木保护型绿地,同时做好各项保护措施;论述树体保护,应引导榕树气根向下生长,入土即成支柱根,起到永久性保护古榕的作用,并辅以各种加固支撑保护;论述景观保护,总结了应用嫁接技术,促成独木成林景观保护,促进生态环境古树体保护,促进生根生长与仿木桩支撑保护古树等3种实用方法。

  林焰同志1977年从北京林学院(后更名为北京林业大学)园林系毕业,在福州市园林系统从事设计与施工工作,是拥有50年实践经验的园林专业退休教授级高工。林焰同志在园林行业耕耘多年,成功建造了福州多个园林规划项目,专业扎实且著作颇多,尤其对榕树的关注、实践与积累非常之多。近五十年来,他对古树名木的保护设计经历,如对高达十几米的福州榕城第一古榕的支撑保护;对高达23m的鼓山涌泉寺喝水岩古樟的支撑保护;对高达30m的仓山时代中学南洋杉支撑保护;对高达13m的金山省气象中心古朴树保护;柳杉王公园规划建设保护;樟树规划保护;白马河公园黎明古榕保护;西湖公园古树名木保护;梅峰小学连理古榕保护;马尾船政文化园古榕保护,以及其他珍稀古树名木的保护等设计经历不胜枚举,成果颇丰,贡献突出。

该书系统整理了榕树保护（古树名木保护）的重要内容及相关一手信息，是难得的设计与保护实用资料，对今后榕树（古树名木）的保护及其他园林植物的保护都有着十分重要的指导与借鉴意义，并为大力宣扬习近平同志号召的榕树文化精神，为民造福，为建设美丽园林，构建和谐社会都有着积极的推动作用。

北京林业大学园林学院副院长

2022年3月16日

前 言
PREFACE

  要做好古榕（古树名木）保护工作，就要根据国务院和福建省政府及省住房和城乡建设厅颁布有关古榕（古树名木）保护规范标准、法律、法规进行古榕（古树名木）的保护规划设计及养护管理工作。

  古榕（古树名木）不仅是城市的宝贵历史文化资源，也是城市悠久历史文化的见证者，更是重要的风景园林文化旅游资源。古榕（古树名木）保护要注重生态环境、树体、景观三方面的保护工作。

  本书采用文字论述、各地现场调查勘察收集资料及作者四十年设计实践经历参与的园林古树保护设计施工项目介绍，如本人参与鼓山风景区古樟树、朴树、闽润楠，榕城第一古榕、安泰河龙墙榕、秀冶里古榕、华林路古榕、南门兜古榕、西门路口古榕、白马河公园古榕、双抛桥古榕、双龙戏凤、台江亿力江滨小区古榕、西湖公园、乌山、于山、时代中学南洋杉、马尾船政文化园古榕、梅峰小学古榕等项目保护，也现场调查勘察福州森林公园古榕，长乐潭头百榕街榕树主题公园古榕、永泰榕水湾步道百柯榕、龙岩新罗工会大夏古榕保护，分享福州6株千年古榕及十大古榕，十大奇榕，一级、二级、后续资源保护及各具特色的近150个案例的榕树（古树名木）387张彩色图片，103张CAD设计图（图上未标明单位的，默认为"mm"）等古树名木保护资料，按生态环境保护、树体保护、景观保护等分别论述介绍，这些榕树保护（古树名木保护）考察与设计实用专业资料，汇编成书，论述榕树（古树名木）保护的意义、做法及景观效果，宣扬悠久而深远的榕树历史文化渊源与景观价值，以期对今后榕树（古树名木）保护有积极的推动、指导、借鉴意义。

2022年5月20日

目 录
CONTENTS

第一章

概述

第一节 榕树（古树名木）保护意义

一、宣扬榕树文化意义

榕树"它枝繁叶茂，苍劲挺拔，荫泽后人，造福一方，在调节气候、绿化环境中发挥了重要作用"；榕树"有顽强的生命力，多么贫瘠的土地，乃至乱石破崖，它都能破土而出，盘根错节，傲首云天，象征着福州人不屈不挠的拼搏精神"。榕树有悠久而深远的历史文化渊源，更是体现了中华民族悠久而丰富的历史文化底蕴。天赋异彩，遍布天涯的榕树景观，具有多种多样的生态功能，既是优美风景园林游赏艺术景观资源，更成为优美的历史人文旅游景观资源，振兴乡村美丽景观资源，是真正为民造福的福树。

《中国榕树文化》一书提出的榕树文化精神：榕树苍劲挺拔、傲首云天、不屈不挠、顽强拼搏、庄严稳重、威武刚强，体现了中华民族伟大的国魂精神，也是鼓舞人心、不断拼搏进取的精神力量。古树名木也有悠久而深远的历史文化渊源，更体现出丰富优美的历史文化旅游景观资源，振兴乡村美丽景观资源。所以我们更要宣扬榕树文化意义，让它为人民造福。

二、榕树（古树名木）保护意义

根据国家榕树（古树名木）保护新规范标准，树龄500年以上，评定为一级保护古树；树龄200～500年，评定为二级保护古树；树龄100～200年，评定为三级保护古树；古树树龄80～100年为古树名木后续保护资源；在国内外珍贵、稀有的树木或具有重要历史价值、名人效应、纪念意义及历史文化旅游科研价值的树木评为名木。

榕树（古树名木）是城市的宝贵历史文化资源。保护榕树（古树名木），就是保护城市悠久的历史文化见证物，保护城市历史文脉传承，保护丰富优美的历史文化旅游景观资源，保护榕树文化精神成果，保护人民的物质成果，保护共产党领导下的太平盛世的幸福生活成果。

第二节 我国古树名木保护法律法规条文

根据新颁布的《福建省古树名木保护管理办法》，对榕树（古树）的认定：（一）树龄在500年以上的树木定为一级古树，实行一级保护；（二）树龄在300年以上不满500年的树木为二级古树，实行二级保护；（三）树龄在100年以上不满300年的树木为三级古树，实行三级保护。城市规划区的三级古树实行二级保护，二级以上古树实行一级保护。名木的认定：指国内外珍贵、稀有的树木或具有重要历史价值、纪念意义及重要科研价值的树木，是树木遗产的重要组成部分。我国住房和城乡建设部《古树名木保护管理条例》也是实行三级古树认定保护。

而《福建省工程建设地方标准——古树名木管理与养护技术标准》还提出古树后续资源的认定，指树龄在80年（含80年）以上100年以下（不含100年）的树木。相对而言，《福建省工程建设地方标准——古树名木管理与养护技术标准》对榕树（古树名木）保护工程更有指导意义，具有可操作性。

《福建省古树名木保护管理办法》从榕树（古树名木）保护管理方面有执法处罚依据。

我国福建省新颁布的古树名木保护法律法规条文规定古树名木的保护绿地范围是古树名木树冠垂直投影线外5m的绿地。这是进行榕树（古树名木）保护工作的法律依据。

第二章

防腐抗风雨保树木

树木防腐很重要，只有做好防腐工作，才能抗风雨保树木。本章探讨树体腐烂的原因，并通过具体案例论述树体防腐创伤清理等树体保护措施。

第一节 树体腐烂成因及应对措施

树木能被风吹折而致死，大部分原因是树木本身树干基部腐烂。例如，2021年6月21日《海峡都市报》报道，位于福州南街塔巷24号，有一株百年广玉兰，在午后被大风雨吹倒，无法抢救只好锯干清理。经现场勘察，是由于常年环境不通风，花坛常年潮湿，造成基部腐烂。同时间，位于福州市仓山区石厝教堂内百年银杏也被风雨危害出现较大断枝。福州西湖公园紫薇厅西侧两株古榕，去年一株被大风雨吹折倒伏，一株被大风雨吹折一枝主干，也都是因为树干腐烂中空，而无法抵抗风雨袭击。再如著名的福州华林寺古榕，原生长在华林寺内，因内院环境潮湿，曾折断两主枝，树主干有腐洞，究其原因，是内院常年环境不通风，花坛常年潮湿，造成茎干腐烂。而华林路改造扩宽，古榕就地建20m宽花坛保护，四面干燥通风，环境优良，日照充足，长势良好，树干腐洞竟被树干皮形成层及气根包围封闭，看不到腐洞了。树干腐烂中空，是倒伏内因；大风雨袭击危害是倒伏外因。因此，我们要经常性遍查古树名木生长环境及健康状况，发现树干腐烂应及时救治；做好防腐工作，才能抗风保树木，发现古树名木生长环境被污染被破坏，更要查清树木腐烂原因，对症下药，才能更好防腐，保护树木正常生长。

什么是树干腐烂原因呢？

原因1： 环境潮湿，或风雨或环境排水不畅，造成树木茎干腐烂。在我国南方春夏常有台风暴雨危害，如果环境排水不畅，造成花坛环境常年潮湿积水，容易滋生霉菌；而榕树的木质部疏松，极易在潮湿环境中，被霉菌腐蚀而造成茎干腐烂。

原因2： 流通不畅淤积。树木内部生长树液流通不畅淤积造成茎干腐烂。2020年梅峰小学连理古榕干茎基部腐洞，被台风吹折直径1.8m、长20m一枝主干，形成树体偏冠。在进行防腐处理时，发现古榕生长良好，树木茎干内部从树梢往下传导生长树液很多，树体有创伤结疤，造成流通不畅，淤积在茎干基部，而榕树的木质部疏松，极易在潮湿环境中被霉菌腐蚀而造成茎干腐烂。

因此，加强环境排水，防止环境流通不畅而淤积潮湿，是防止树木腐烂最重要的工作。

扩大保护绿地面积，形成环境优美，光照充足通风，空间开阔通透，开展保护工作，便于游人参观游览，也正是福建省新颁布的古树名木保护法律法规条文中规定古树名木的保护绿地范围：古树名木树冠垂直投影线外5m的绿地为保护范围线的科学原因。

案例1 福州百年广玉兰风折死因

基本信息：广玉兰，位于福州鼓楼南街（三坊七巷）塔巷24号（长汀试馆）咖啡馆内院，百年树龄，胸围2.75m，树高15m，编号（闽A00144鼓楼），为二级保护古树名木。

古树现状：原树生长枝繁叶茂，有笔管榕寄生。在2021年6月21日午后被大风雨吹倒，根部断裂，压倒在屋檐上。

风折死因：经鼓楼区园林中心现场勘察确认，树干基部腐烂，树干中空已多年，造成头重脚轻，无抗风能力，故被风雨吹倒。因无法抢救只好锯干清理了。经现场勘察，查清广玉兰基部腐烂原因，是常年内院环境不通风，内院花坛常年潮湿，造成茎干基部腐烂（图2-1）。

▲ 图2-1　塔巷24号百年广玉兰树干腐烂中空，头重脚轻，无抗风能力，故被风雨吹倒

案例2　**福州西湖公园紫薇厅古榕风折之因**

　　基本信息：古榕，位于福州西湖公园紫薇厅西边，树高15m，编号闽A00144（鼓楼），二级保护古树。

　　古树现状：原树生长枝繁叶茂。在2020年6月被大风雨吹折一主枝。

　　风折原因：树干基部腐烂，树干中空已久，造成头重脚轻，抗风能力不强，故被风雨吹折。经现场勘察，查清古榕茎干腐烂原因，是常年环境通风不良，花坛常年潮湿，造成茎干基部腐烂（图2-2）。

▲ 图2-2　福州西湖公园紫薇厅西侧古榕树干中空，树干基部腐烂，造成头重脚轻，抗风雨能力不强，故被风雨吹折一主枝，形成偏冠树体

第二节　树体防腐保护

　　古树名木树体木质部腐烂甚至中空的，应首先进行防腐处理。

　　树木伤口防腐预处理可用铜铁刷或凿子清除腐朽木质部的木梢、浮渣，直到露出新鲜健康完好的木质部，然后喷洒2%～5%硫酸铜溶液或0.5%高锰酸钾，涂抹石硫合剂原液或多菌灵等其他杀菌剂进行伤口处理。在创面干后喷洒杀虫剂和杀菌剂，或创面喷洒防腐效果好、绿色环保的水溶性防腐剂如季铵铜（ACQ）等或涂刷防腐固化液2～3遍，每遍间隔2～3天。涂刷防腐固化液应在晴天、创面干燥的情况下进行。风干后洞壁涂抹2～3遍熟桐油。

　　腐烂树洞修补有开放法、填充封口法、发泡填充法、封口法。在公园、街道、学校现常用发泡填充法。发泡填充法是利用低温发泡剂（聚氨酯发泡剂）良好的伸缩性和耐久性进行填充的一种方法。清理消毒腐烂树洞和整修洞口形状后，削去洞口边缘树皮1cm宽，洞口整修平整，盖上铝板或厚木板覆盖密封洞口，板上留一孔。向孔洞注入聚氨酯发泡剂，直到树洞填满溢出发泡剂，待其硬化后，取下覆盖物，整修洞口形状，其表层应在树皮形成层下，然后涂上树漆，或用水泥油灰拌桐油填充封闭腐烂木质部伤口。干后整修装饰仿造树皮纹理。例如福州白马河公园古榕园腐洞就用水泥油灰拌桐油封闭腐烂木质部伤口；福州梅峰小学两株连理古榕树，就用水泥石灰砂浆黏结砖石块加消毒剂，填充腐洞，封闭腐烂木质部伤口，然后面层涂抹2～3遍熟桐油或封固漆封闭腐洞。

案例1　福州白马河公园古榕树保护

　　基本信息： 古榕，位于1990年建成福州白马河公园古榕园，古榕树冠900m²。

　　古树现状： 原古榕两主干半边腐烂较大，古榕生长良好。

　　保护救治： 挖除主干半边腐烂木质部，喷洒2%～5%硫酸铜溶液或0.5%高锰酸钾，涂抹石硫合剂原液或多菌灵等杀菌剂进行伤口处理。洞壁涂抹2～3遍熟桐油。用水泥油灰拌消毒剂封闭腐烂木质部伤口，面层涂抹2～3遍熟桐油封闭。

　　保护效果： 经过多年生长，已治愈腐烂木质部，榕树木质部形成层逐步包裹伤口（图2-3）。

▲ 图2-3　白马河公园古榕，用水泥油灰拌消毒剂封闭主干枝腐烂树洞木质部伤口，面层涂抹熟桐油封闭。榕树木质部形成层逐步包裹伤口，古榕生长良好

案例2 福州乌山历史风貌区南入口广场古雅榕树保护

基本信息：古雅榕，位于福州乌山历史风貌区南入口广场，胡也频故居与吴清源会馆边，历史地名福州南门城边街，编号闽A00154（鼓楼），高20m，胸围4.75m，冠幅直径20m。

古树现状：树干基部有高0.6m腐洞，底下有老鼠洞。

保护救治：进行防腐处理。首先清除腐朽树洞木质部的杂质、浮渣，直到露出新鲜健康完好的木质部，然后喷洒2%~5%硫酸铜溶液或0.5%高锰酸钾，涂抹石硫合剂原液或多菌灵等杀菌剂进行伤口处理。用水泥石灰拌消毒剂封闭腐烂木质部伤口，面层涂抹封闭熟桐油。

保护效果：经过多年防治，已治愈腐烂木质部，雅榕树木质部形成层逐步包裹伤口。目前古雅榕树生长良好（图2-4至图2-6）。

▲ 图2-4 古雅榕树现生长良好

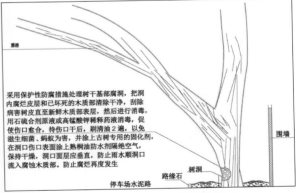

采用保护性防腐措施处理树干基部腐洞，把洞内腐烂皮层和已坏死的木质部清除干净，刮除病害树皮直至新鲜木质部表层，然后进行消毒，用石硫合剂原液或高锰酸钾稀释药液消毒，促使伤口愈合，待伤口干后，刷清桐油2遍，以免滋生细菌、蚂蚁为害，并涂上古树专用的固化剂，在洞口伤口表面涂上熟桐油防水剂隔绝空气，保持干燥，洞口面层应垂直，防止雨水顺洞口流入腐蚀木质部。防止腐烂再度发生

▲ 图2-6 乌山历史风貌区南入口广场古雅榕树保护设计立面

◀ 图2-5 树洞用水泥石灰消毒剂封闭，面层涂抹封闭熟桐油

案例3　福州梅峰小学古榕树腐洞保护

基本信息： 两株连理古榕树，位于福州梅峰小学入口处，树冠900m²，二级保护。

古树现状： 一古榕干基部腐烂较大，2020年6月遭台风危害，折断一主枝，形成偏冠。

保护救治： 挖除主干基部1.5m高、0.8m深腐烂木质部，喷洒0.5%高锰酸钾处理伤口，伤口内用水泥石灰砂浆黏结砖石块，填充腐洞，面层涂抹2~3遍熟桐油封闭伤口。

保护效果： 治愈腐烂木质部，生长良好（图2-7至图2-9）。

▲ 图2-7　梅峰小学古榕树主干基部腐烂现状

▲ 图2-8　梅峰小学榕树干基部凿除1.5m高、0.8m深腐烂木质部后的创口

▲ 图2-9　古榕树主干基部清除腐烂木质部，创口用高锰酸钾稀释药液消毒腐洞壁，用水泥砂浆黏结砖石块填充腐洞，面层拌水泥浆熟桐油封闭创口

第三章

古树周边生态环境保护

CHAPTER 03

要保护古树名木，就要建立良好的古树名木自然生态环境。古树名木保护要建立定时巡查制度，清除杂物、拆除违章搭盖物，形成生态环境良好的公园保护绿地，及时发现安全问题，按国家古树名木保护规范标准进行养护、救治复壮施工措施，常年坚持，才能保持古树名木长年茁壮成长。按古树名木保护规范标准进行养护，要对正常生长的古树名木做水分、肥料、修剪、土壤、有害生物防治、自然灾害应急防护等项保护措施；对濒危、生长衰弱、生态环境危险的古树名木按保护规范标准进行救治复壮，要做光照、降温、水分调节、土壤改良、根外施肥、促根、修剪、抢救等项保护措施，按不同季节，进行各项养护措施。

第一节　生态环境保护案例

　　要保护古树名木，就要建立古树名木保护绿地。确保按国家古树名木保护规范标准要求，即不小于古树名木树冠垂直投影线外5m绿地范围，建立古树名木保护绿地。在保护绿地范围进行保护性整治，撤除违章搭盖、废弃建（构）筑物、杂物、不良植被、污染物，撤除过大硬铺装面积，建立通风透光、空间开阔通透、生态环境良好的古树名木保护绿地。确保古树名木能正常生长，发挥应有的历史人文景观价值和园林观赏功能。

案例1　闽侯县青口东台福建"榕树王"保护

　　基本信息：福建"榕树王"，生长在福州市闽侯县青口镇东台村下社自然村唐宋古道山边，编号3501211051141001（闽侯），树冠直径45.6m，树高24.45m，主干胸径4.73m，地围16.63m，一级保护古树，树龄有1517年，壮观奇特。

　　保护现状：古雅榕藏在深山，古树长势良好，主干胸围是目前全国最大者，要12个成年人才能合围，树形奇特优美，一是树干古朴苍翠，二是主树枝横跨14.6m，形成奇特牵手天然榕树拱门。

　　保护措施：①为保护这株古榕树，当地政府改造榕树周边近2000m^{2}农杂地，清除杂物，改良土壤，光照水分充足，空间开阔通透，生长繁茂，把榕树周边绿地开辟成保护公园。②树边悬崖陡坡建高10m二级毛条石挡土墙保护"榕树王"。

　　保护效果：历经1500多年风雨，天然造化形成的"门型古榕"，2013年10月福建省林业厅与福建省绿化委员会在福建全省普选树王，因其树形奇特，同种树龄全国最长，树体全国最大，被评为福建"榕树王"，建古榕公园保护，成为闽侯县文化旅游景观，闽侯县打造"中国榕树王"的生态休闲娱乐旅游景点，成为优美的历史文化旅游景观（图3-1至图3-3）。

▲ 图3-1 福州闽侯县青口镇东台村下社福建"榕树王"

▲ 图3-2 福州闽侯县青口镇东台村福建"榕树王",树枝横跨14.6m,形成天然牵手奇特榕树拱门

▲ 图3-3 福州青口福建"榕树王"主干胸径4.73m,地围16.63m,光照水分充足,空间开阔通透,生长繁茂,景观奇特

案例2　福州东街口聚春园前榕树保护

基本信息： 聚春园前榕树，位于福州东街口2号聚春园前广场，二级保护古树，编号闽A00097（鼓楼），冠幅直径26m，主干胸围5.6（1+3+2）m，高16m。

保护现状： 现生态环境良好，空间开阔通透，生长良好。

保护措施： ①扩建100m² 保护花坛，施肥改良土壤。②导引气根入地成支柱根。

保护效果： 2种保护措施，形成光照水分充足、四季常绿的休闲观赏保护绿地。树荫下可供休闲娱乐健身、停车，造福百姓，优美的半球状树冠成为榕城历史人文地方标志性景观，向世人展现榕树顽强拼搏、奋勇向上的精神（图3-4、图3-5）。

▲ 图3-4　福州东街口聚春园前榕树，二级保护古树，生长繁茂

▲ 图3-5　福州东街口聚春园前榕树导引气根入地，形成生态环境良好的休闲观赏绿地

案例3　平潭县林业局大院手植榕树保护

基本信息： 手植榕，位于平潭县林业局大院绿地。1990年6月，福州市委书记下乡到平潭岛视察，倡导植树造林防风固沙，亲手在大院种下榕树，现已长成高21m、冠幅800m²的苍天大树。

保护现状： 20世纪平潭岛风沙大，生态环境急需改善。现手植榕树长势良好，无数气根落地，为大院带来一片绿意。

保护措施： 平潭县林业局在大院建成超3000m²名木保护绿地，改善手植榕生态环境。

保护效果： 32年过去，手植榕树，光照水分充足，空间开阔通透，生长繁茂，绿荫如盖。在领导倡导下，平潭岛已种上万株榕树，在城区主干道、进岛主干道两旁、山坡荒野、海滩防护林带，成排成片榕树四季郁郁葱葱，犹如一条条绿色巨龙，锁住风沙，极大改善了平潭的生态环境（图3-6、图3-7）。

◀ 图3-6　平潭林业局大院榕树，光照水分充足，空间开阔通透，生长繁茂，如今榕树已长成高21m，冠幅800m²的四季常青、枝繁叶茂的苍天大树

◀ 图3-7　一级名木保护榕树，已是几百气根落地，展现顽强拼搏的榕树文化景观

案例4 福州华林路环岛古榕树保护

基本信息： 华林古榕，位于福州市华林路与鼓屏路口环岛，为福州十大古榕之一，编号闽A00008（鼓楼），树龄1057年，一级保护古树，胸围10m，高25m，冠幅直径28m，冠幅900m^2，据传栽于宋代华林寺建寺之时（公元964年北宋乾德二年）。

保护现状： 原位于华林寺前大院西南角，树干腐洞中空，风折二主枝，现古树长势良好。

保护措施： ①1984年华林路扩建，华林寺范围缩小，大门廊围墙退后15m，华林古榕位于交叉路口，规划就地保护安排在华林路口直径22m环岛内。②扩大环岛绿地，光照、水肥条件比在寺内环境充足，空间开阔通透，因而生长繁茂。

保护效果： 华林古榕现主干气根越来越多，密集引导向下入地生长，已长成三根支柱根入地，支撑越来越大的树冠，起到长久性保护古榕作用。气根逐步封闭中空树洞，向世人展现榕树顽强拼搏、奋勇向上的精神。优美球状树冠成为榕城历史文化标志性景观，巨伞浓荫，成为福州城市历史文化中心主轴——鼓屏路的风水树，造福八闽百姓，是福州历史人文重要的地标景观（图3-8至图3-10）。

▲ 图3-8　华林路口环岛千年古榕，主干气根越来越多，密集引导入地向下生长，形成优美的球状树冠，成为榕城标志性景观，成为福州市历史文化中心主轴

▲ 图3-9　华林路口环岛千年古榕，已引导三根支柱根入地，气根引导向下生长，越来越粗壮密集，支撑起越来越大的树冠，起到长久性保护古榕作用。向世人展现榕树顽强拼搏神

▲ 图3-10　华林路口环岛千年古榕，原风折二主枝创口水泥封闭，气根已逐步封闭中空树洞

案例5　福建闽清东桥古榕园古雅榕树保护

基本信息： 五株古雅榕树位于悠远而宁静的闽清东桥官圳村后山上古榕园中。原是官圳村孙家祖先在建孙家祖祠时（1416—1436年）所植，树龄最大650年，最小500年，树高18m，胸径3m多，最大胸围9.3m，古榕园总面积4700m²。

保护现状： 古树长势良好，古雅榕群植成片，绿荫蔽日。

保护措施： ①当地政府重修古榕园。②整治环境，清除垃圾物。③改良土壤，重做树堰，增施肥料，创造良好生态生态环境。④新建钢管支撑柱保护古雅榕。

保护效果： 4种保护措施，使古榕生长繁茂，光照、水分充足，枝繁叶茂，浓荫蔽日，形成自然生态环境良好的休闲游览公园，古朴苍翠，景观奇特，是闽清历史人文景观资源，吸引众多游人参观（图3-11至图3-14）。

▲ 图3-11　闽清东桥官圳村古榕园古雅榕树群，枝繁叶茂，浓荫蔽日，雄伟壮观，景观奇特，形成生态环境良好的休闲游览公园，吸引众多游人参观

▲ 图3-12　东桥官圳村古榕园雅榕树群，官圳村孙家祖先所植，树龄最大650年，最少500年，环境优雅，改良土壤，增施肥料，光照、水分充足，生长繁茂

▲ 图3-13　腐洞巨大，更显古朴沧桑

▲ 图3-14　闽清东桥官圳村古榕园雅榕树群，总面积4700m²

案例6　福州农林大学中华植物园橡胶榕保护

　　基本信息：橡胶榕，位于福州金山福建农林大学中华植物园，树冠直径近20m，高18m，成为福州树冠最大的橡胶榕。

　　保护现状：古树长势良好，枝繁叶茂，绿意无限。

　　保护措施：规划种在直径30m圆形花丛绿地中，生态环境良好，光照、水分充足。

　　保护效果：枝繁叶茂，无数茂密气根落地支撑硕大的橡胶榕树冠，形成自然生态环境良好的休闲游览景观，向世人展现榕树顽强拼搏精神，展示橡胶榕强大的生命力（图3-15、图3-16）。

◀ 图3-15　福建农林大学中华植物园橡胶榕，种植在宽30m的圆形草坪花丛绿地，生态环境良好，光照水分充足，生长繁茂，成为福州树冠最大橡胶榕

◀ 图3-16　无数气根落地，支撑硕大橡胶榕树冠，向世人展现榕树顽强拼搏精神，展示橡胶榕强大的生命力

案例7 福州晋安牛岗山公园路边古榕树保护

基本信息： 牛岗山路边古榕，位于福州晋安牛岗山公园路边泗洲庙旁，原是杂乱垃圾堆放山岗，2018年改建为牛岗山公园，树冠直径近23m，高18m。

保护现状： 古树长势良好，茂密气根入地形成榕树林，枝叶繁茂，周边环境良好。

保护措施： ①环境清理，清除垃圾物。②改良土壤，增施肥料。③独树成林古榕所在绿地规划形成道路分车带，增大保护绿地面积。

保护效果： 3种保护措施，使古榕光照水分充足，空间开阔通透，无数气根入地形成支柱根，生长繁茂，形成自然生态环境良好的休闲游览公园（图3-17、图3-18）。

▶ 图3-17 福州晋安牛岗山公园，改造路边庙旁古榕杂乱环境，经过环境整治，清除垃圾物，改良土壤，光照水分充足，生长繁茂，古榕树生长葱绿，形成优良休闲观赏绿地

▶ 图3-18 无数气根入地形成榕树林

案例8 福州闽侯祥谦王厝古雅榕保护

基本信息： 王厝古雅榕，位于福州市闽侯县祥谦镇虎山村，树龄607年，一级保护古树，编号：3501211041141002（闽侯），胸围17.5m，树高23m，冠幅直径52m，树皮红褐色。

保护现状： 2000年台风"飞燕"危害吹折60条枝干，但主干纹丝不动，现古树长势良好。

保护措施： ①用水泥石灰涂抹伤口，保护古雅榕免遭腐烂病菌危害。②环境整治，拆除杂物，建30m宽台地，12m宽花坛，改良换土，增施肥料。③引导气根落地生长保护古榕。

保护效果： 3种保护措施，光照、水分充足，空间开阔通透，有效保护古雅树，形成绿意葱茏的景观效果，俗称福州巨榕，阻挡狂风，保护乡邻田园，形成自然生态环境良好的休闲游览景观。古雅榕背靠五虎山，面临陶江水，处于唐宋古道，气势雄伟，傲然挺立，成为优美人文旅游观赏景观资源（图3-19至图3-21）。

◀ 图3-19 闽侯祥谦虎山村王厝古雅榕，进行环境整治，建30m宽台地，建12m宽花坛，引导气根生长，增施肥料，光照、水分充足，有效保护古雅树，形成绿意葱茏景观效果

▲ 图3-20 祥谦虎山村王厝古雅榕，2000年台风"飞燕"危害，吹折60条枝干，但主干纹丝不动，阻挡狂风，保护乡邻田园。村民用水泥石灰涂抹伤口，保护古雅榕免遭腐烂病菌危害

▲ 图3-21 祥谦虎山村王厝千年古雅榕，气根较少，村民用PVC管和竹管引导气根向下入土生长，以期气根能长成支柱根，保护千年古雅榕，形成自然生态环境良好的休闲游览公园

案例9　福州新店战坂坂中古榕保护

基本信息： 坂中古榕，位于新店坂中村龙峰正境，树龄600年，一级保护古树，编号闽A0005（晋安），胸围8.46m，树高15m，冠幅2000m²，树皮灰白色。

保护现状： 2005年台风吹折10多条枝干，但主干纹丝不动，古树长势良好，傲然挺立。

保护措施： ①环境整治，拆除休闲杂物。②建12m宽花坛。③改良换土，增施肥料。

保护效果： 3种有效保护措施下，使古树光照水分充足，枝繁叶茂，气势雄伟，阻挡狂风，保护乡邻田园，成为优美历史人文旅游观赏景观资源（图3-22、图3-23）。

◀ 图3-22　福州市新店坂中村古榕全貌

◀ 图3-23　福州市新店坂中村古榕，气根众多

案例10　福州光禄坊天竺橡胶榕保护

基本信息： 天竺胶榕，在安泰河光禄坊玉山涧公园揽虹亭旁，树龄150年，福州树龄最长橡胶榕，俗称天竺榕王，编号闽A00139（鼓楼），二级保护，树高20m，胸围4.4m，冠幅直径12m。

保护现状： 原在安泰河玉山涧河岸抱石生长，现古树移在花坛长势良好。

保护措施： ①水系环境整治时，移植到光禄坊公园揽虹亭旁，树干气根形成巨大树洞奇观。②改良换土，增施肥料，光照、水分充足，环境改善提升。

保护效果： 2种有效保护措施，空间开阔通透，气势雄伟，傲然挺立，形成绿意葱葱的景观效果。2005年选为福州十大奇榕之一，成为优美历史人文旅游观赏景观资源（图3-24至图3-26）。

◀ 图3-24　福州光禄坊天竺胶榕，树龄最长人称天竺榕王，约150年，冠幅直径12m。编号闽A00139（鼓楼），树高12m，二级保护

◀ 图3-25　天竺胶榕原在安泰河玉山涧河岸抱石生长，被移植到光禄坊公园，气根形成巨大树洞奇观

◀ 图3-26　福州光禄坊天竺胶榕，现长势良好，气势雄伟，傲然挺立，形成绿意葱葱的景观效果

案例11 福州洪山原厝百骑将军榕保护

基本信息： 百骑将军榕，位于福州洪甘路原厝黄店山，为史称"东南战功第一"的明代七省经略使兵部尚书张经（1492—1555年）墓前风水榕，现为部队营地。福州树龄较长的古雅榕，树龄460年，一级保护古树，树高16m，主干胸围11m，冠幅1056m²。

保护现状： 古树长势良好。人们为纪念张经称该树为"百骑将军榕"。

保护措施： ①环境整治，砌花坛立碑保护。②改良换土，增施肥料。

保护效果： 2种有效保护措施，光照、水分充足，空间开阔通透，气势雄伟，傲然挺立，形成将军榕枝繁叶茂的景观效果，在2005年选为福州十大名榕之一，成为优美历史人文旅游观赏景观资源（图3-27、图3-28）。

◀ 图3-27 洪山原厝黄店山"百骑将军榕"，树高16m，冠幅1056m²。一级保护古树

◀ 图3-28 福州洪山原厝黄店山"百骑将军榕"，主干胸围11m，空间开阔通透，气势雄伟，傲然挺立

案例12 桂林阳朔刘三姐公园古榕树保护

基本信息： 千年大榕树，位于广西桂林阳朔刘三姐公园，据记载栽植于公元590年（隋开皇10年），树龄1400年，树高18m，胸围9m，树干径3m，冠幅1260m²。

古树现状： 古榕树生长葱绿，气生板根众多，枝繁叶茂。是电影《刘三姐》的主要拍摄地。

保护措施： 公园管理处在古榕保护绿地内进行环境提升整治，清除垃圾，改良土壤，增施肥料，光照、水分充足，空间开阔通透，建立保护绿地比树冠投影线面积2倍还大，为一级保护古树。

保护效果： 广西桂林阳朔刘三姐公园大榕树是我国流传最久、最著名、影响最大的榕树文化旅游景点，成为优美的历史人文旅游景观资源（图3-29、图3-30）。

◀ 图3-29 刘三姐公园大榕树树龄1400年，冠幅1260m²。在古榕保护绿地内进行环境提升整治，清除垃圾物，改良土壤，增施肥料，古榕树树冠葱郁

◀ 图3-30 桂林阳朔刘三姐公园大榕树，气生板根众多，冠幅硕大，是国内外著名榕树文化旅游景点，成为优美的历史人文旅游景观资源

案例13 云南省盈江独树成林高山榕树王保护

基本信息："盈江榕树王"，位于云南省德宏傣族景颇族自治州盈江县铜碧关老刀弄寨海拔940m热带雨林自然生态保护区，独树成林高山榕（*Ficus altissima*），树龄500多年，树高40m，自然垂下入土气生根支柱300多根，核心树干径6.75m，数十人合抱不下，树冠面积达5000m²，约7.5亩。

古树现状：古榕树生长葱绿，雄姿婀娜，长势良好，远望犹如小树林。

保护措施：进行保护绿地环境提升整治，改良土壤，增施肥料，光照水分充足，空间开阔通透，建成面积15亩多高山榕树王旅游公园，为一级保护古树。

保护效果：为中国目前发现树冠最大、气生根最多的高山榕，气势如龙飞凤舞，擎天蔽日，雄伟壮观。被全国绿化委员会和中国林学会评为华夏最美榕树王，入选中华人文古树保护名录，成为优美的历史人文旅游景观资源（图3-31）。

▲ 图3-31 云南德宏州盈江独树成林高山榕气势雄伟，傲然挺立，是我国气生根最多、树冠最大榕树王，为华夏最美榕树王

案例14　贵州安顺关岭黄葛树王保护

基本信息： 黄葛树王（大叶榕），位于贵州省安顺市关岭县岗乌镇上甲布依族古寨，树龄1000多年，树高32.5m，众多气根入土，自然胸围19.4m，胸径6m，树干中空，数十人合抱不下，树冠面积达2000m²，远望如小树林，为一级保护古树。

古树现状： 长于贵州海拔800m高河谷，黄葛树王枝繁叶茂，擎天蔽日，气势雄伟。

保护措施： 当地政府进行环境提升整治，改良土壤，增施肥料，开辟5000m²保护绿地广场，光照、水分充足，空间开阔通透。

保护效果： 是我国树龄最长的黄葛树王，入选中华人文古树保护名录和中华最美古树名录，展现中华民族不屈不挠的拼搏精神，成为优美的乡村休闲历史人文旅游景观资源（图3-32）。

▶ 图3-32　关岭县岗乌镇上甲布依族古寨黄葛树王，开辟5000m²保护绿地广场，气势雄伟。树干中空，众多气根入土

案例15 温州新桥古榕树保护

基本信息： 无柄小叶榕，位于温州市瓯海区新桥镇新桥村老街，树龄千年，冠幅直径39m，胸围15m，树高27m，为一级保护古树，被评为浙江省最美古树。

古树现状： 温州市把无柄小叶榕评为市树，长势良好。

保护措施： 环境整治，清除垃圾杂物，改良土壤，增施肥料，光照、水分充足，空间开阔通透。

保护效果： 保护绿地形成自然生态环境良好的休闲健身游览公园，成为优美的休闲观光历史人文旅游景观资源（图3-33、图3-34）。

◀ 图3-33 经过环境提升整治，清除垃圾杂物，空间开阔通透

◀ 图3-34 温州新桥村老街千年无柄小叶榕全貌

案例16 福州五一路仁政留芳樟树王保护

基本信息：樟树王，位于福州五一路同寿园边，胸径2.2m，高20m，冠幅900m²，树龄500年，编号闽A0003（鼓楼），一级保护古树。该树历史上受到福建省各级领导的关注和保护，绿地原有古仙小游园营业场地与休闲娱乐场所，撤除改成"同寿园"。

古树现状：古树长势良好，气势雄伟，傲然挺立。

保护措施：①环境整治提升，拆除营业场地和休闲建筑物与铺装场地，扩大古樟树保护绿地，改良换土，增施肥料，光照、水分充足，空间开阔通透。②古樟树保护绿地上人行道改成步行木栈道，有效保护古樟树绿地。

保护效果：有效的保护措施，古樟树形成绿意葱葱的景观效果，为福州四大树王之一，成为优美历史人文旅游观赏景观资源（图3-35至图3-37）。

▲ 图3-35 福州五一路边樟树王保护绿地内整治，拆除建筑物与硬铺装场地，进行环境整治，改换土壤，增施肥料，光照、水分充足，空间开阔通透，形成绿意葱葱的景观效果

▲ 图3-36 五一路边樟树王保护绿地上硬铺装人行道改成步行木栈道，有效保护古樟树绿地，成为优美历史人文旅游观赏景观资源

▲ 图3-37 五一路边樟树王胸径2.2m，高20m，冠幅900m²，树龄500年，一级保护古树

案例17 福州鼓岭柳杉王古树保护

基本信息： 鼓岭千年"柳杉王"古树（*Picea asperata* Mast），位于海拔800m的福州鼓岭旅游度假区宜夏村柳杉王公园，编号闽A0030（晋安），树龄1300年，树高30m，胸围9.54m，胸径3.2m，树冠直径25m，一级保护古树，福州四大树王之一。

古树现状： "柳杉王"古树焕发勃勃生机，长势良好，高大雄伟，傲然挺立，是福州乃至福建省海拔最高的公园，为鼓岭旅游度假区品牌，参观人流络绎不绝。

保护措施： ①1988年秋"柳杉王"公园初夏建成开放。原环境较杂乱，树有腐洞，经环境提升整治，扩建保护绿地达2000m²多，建成80亩"柳杉王"公园。②保护绿地内拆除硬质铺装地面，改良土壤，施肥换土，喷洒药物消除有害生物，空间开阔通透，形成良好生态环境，被国家列为中国古树名木。③被人们尊为神树，建柳杉王神位加以保护，世代受村民祭拜。

保护效果： 历史悠久的千年"柳杉王"古树，历经千年风雨，依然枝繁叶茂、苍劲挺拔，犹如中华民族的不屈脊梁，那不畏酷暑、傲雪凌霜的坚强性格，象征中华民族顽强拼搏奋勇向上的民族精神，成为优美的历史人文旅游观赏景观资源（图3-38至图3-40）。

▲ 图3-38 鼓岭柳杉王古树是福州四大树王之一，树龄1300年，树冠直径25m，树高30m

▲ 图3-39 福州鼓岭柳杉王古树，一级保护，胸围10m，胸径3.2m

▶ 图3-40 福州鼓岭柳杉王古树，被国家列为中国古树名木加以保护。经环境改造提升，柳杉王古树又焕发勃勃生机，长势良好。气势雄伟，傲然挺立。柳杉王公园海拔800m，是福州乃福建省海拔最高的公园，成为优美历史人文旅游观赏景观资源

案例18　福州仓山城门壁头古槐树保护

基本信息：古槐树，原位于仓山城门壁头村口，现位于福州南江滨大道壁头村槐树公旁，编号闽A00021（仓山），一级古树名木，树围3.94m、树高15m，冠幅直径16m，是福建省唯一一棵活着的古槐树，树龄900年。据当地族谱记载，壁头村形成于宋端平年间（距今约900年历史），村里有"三槐五柳七星池"和驸马爷植槐的传说。现在三槐只剩下一槐了。

古树现状：古槐树树干中空，树皮残破，树体苍老，沧桑古朴。乡民敬之为神，焚香祭祀。

保护措施：①2005年，市园林局、市园林科研所和城门镇镇政府及壁头村村委会联合，规划建设800m²保护绿地公园。②对古槐进行复壮养护。③立碑记述古槐保护。

保护效果：经复壮养护，焕发青春，形成绿意葱葱的景观。古槐是绿色活文物，有极高科研和观赏价值，成为优美的历史人文旅游观赏景观资源（图3-41至图3-43）。

▲ 图3-41　位于福州南江滨大道壁头村槐树公旁古国槐，编号闽A00021（仓山），一级古树名木，树围3.94m、树高15m，冠幅直径16m，是福建省唯一一棵活着的古国槐，树龄900年

▲ 图3-42　古槐树干中空，树皮残破，树体苍老，沧桑古朴

▲ 图3-43　古槐经复壮，焕发青春，绿意葱葱

案例19 闽清城关昭显将军庙千年古樟树保护

基本信息: 千年古樟树,位于闽清城关昭显将军庙北入口临街处,传说该庙始建于北宋咸平年间,闽清百姓为纪念为民杀身成仁的四将军,在建庙始植。古樟树胸径2.03m,胸围6.37m,高28m,冠幅900m²,树龄千年,编号0007(闽清),一级保护古树。

古树现状: 古树长势良好,气势雄伟,傲然挺立。

保护措施: 1996年重修将军庙时,重建千年古樟树保护绿地花坛,进行环境提升整治,改良换土,增施肥料,光照、水分充足,空间开阔通透,为福建省古树名木挂牌保护。

保护效果: 环境提升整治措施,有效保护古樟树,形成绿意葱葱的公园景观效果,成为优美历史人文旅游观赏景观资源(图3-44至图3-46)。

▲ 图3-44 闽清城关昭显将军庙古樟树全景

▲ 图3-45 昭显将军庙古樟树胸径2.03m

▲ 图3-46 城关昭显将军古樟树近景

第二节 水分管理

▲ 图3-47 在古树保护绿地埋设通气给水管

▲ 图3-48 埋设通气给水管（直径为15cm）给树木浇水

　　保护古树名木，就要根据不同古树名木对水分的不同需求，制定相应的水分管理方案。国家一级保护古树名木要求定时测量其土壤含水量，科学确定浇灌方案；二级古树名木及古树名木后续资源，应根据树木生长状态和天气情况进行合理浇灌。水分管理应做到：

　　（1）干旱季节，应在古树名木的多数吸收根分布区域内进行浇水，浇水面积要大于树冠投影面积，要浇足浇透，浇水深度应在30cm以上，未通过对古树无毒害检验的再生水不得使用。

　　（2）古树名木保护绿地内应确保土壤排水透气良好，宜采取自然顺畅方式进行排水。可能造成积水时，应设置排水沟，或排水盲沟，或使用水泵强排。对国家一、二级保护古树名木，可能造成缺水时，如气温过高、日照强烈、蒸腾强度大、尘埃严重或出现生理干旱情况时，应及时通过浇灌结合叶面喷雾方式补充水分。选择晴天上午或者下午进行叶面雾化喷水，对树冠均匀喷洒清洁干净水，尽可能安装智能节水自动微喷系统，或采用移动滴管袋在树干或树地面滴灌补充水分。

　　（3）埋设通气给水管。可选择直径10~15cm的PVC硬塑料管打孔包棕皮制成通气给水管，或外包无纺布的15cm外径的塑笼式通气给水管，管高60~80cm。在树冠垂直投影线外侧竖向埋设通气给水管，通过通气给水管，可给古树名木浇水灌肥，与复壮沟、渗水井相连接形成完整的通气透水系统（图3-47、图3-48）。

第三节　肥料管理

古树名木施肥应根据树木生长环境和生长状况，采用不同的施肥方法，保持土壤养分平衡。对生长濒危的古树名木施肥应慎重。以长效有机肥为主，无机肥为辅，有机肥必须充分腐熟，有条件时可施用生物肥料或菌肥。

（1）土壤施肥每年进行1次，宜秋末冬初施用，对于生长势较差的古树名木，在早春或秋后酌情增加1~2次施肥，施肥量应根据树木生长势、土壤状况而定。

（2）一级古树名木每年进行一次叶片的营养测定，二级古树名木及古树名木后续资源两年一次。依据测定结果，制定科学施肥方案。应以土壤施肥为主，若仅土壤施肥不能满足树木正常生长需求，可通过叶面和树干施肥进行补充，或采用移动滴管袋在树干或地面根颈滴灌施肥。

①叶面追肥法。古树名木需快速补充养分及微量元素时，可进行叶面施肥。肥料应选用性能稳定、不损伤植株的种类，可视需要加入适量生长调节剂。每年进行2~5次，要遵守营养均衡原则，根据不同树种和营养诊断结果确定肥料比例，追肥一般在阴天、早晨或傍晚进行。

②注干施肥法。采用挂插瓶、吊袋、加压施肥或微孔注射等方法注干施肥，根据需要加入适量生长调节剂，可使用市面上销售的注干施肥液（如九千滴或国光施它活生长调节剂）（图3-49、图3-50）。

▲ 图3-49　福州孟超肝胆医院大树移植挂注干生长调节剂（九千滴），促使树木生长

▲ 图3-50　福州远洋路大树移植挂注干生长调节剂（国光施它活）促使树木正常生长

（3）土壤施肥可通过放射沟或穴施的方式进行，宜在树冠垂直投影范围内均匀挖4～6条放射沟施肥。沟规格长0.8～1.0m、宽0.3～0.4m、深0.4～0.5m，深度与长度视古树名木树冠大小而定。开挖放射沟不得对根系造成伤害，施肥不得在根系直接堆埋肥料，应与客土混合埋置，肥料上方要覆原土，也可在树冠垂直投影范围内挖设8～14个施肥穴，穴的长和宽宜为0.3～0.4m、深0.4～0.5m。

（4）若古树名木因土壤密实、不透气硬质铺装等原因而造成生长吸收障碍时，应先改土后施肥。

第四节　养护修剪

对于正常生长的古树名木应结合通风采光、防风防灾和有害生物防治等需要进行养护修剪，每2～3年完成一轮树冠枝叶养护修剪。严禁对正常生长的古树名木树冠进行重剪。对有安全隐患的古树名木，在雨季台风来临前应完成修枝疏叶、支撑加固树体及填充封堵树洞、清理病虫枝、加强树冠通风、减少树冠自重，以减少台风暴雨对古树名木的树冠危害。对能体现古树自然风貌且无安全隐患的枯枝应予以保留，但应进行防腐固化和加固处理。

（1）对于易伤流的树种，修剪宜避开伤流期。应在秋冬季的休眠期进行修剪而非生长期和落叶后伤流盛期。落叶树修剪宜在3月落叶后与新梢萌动之前进行；常绿树宜在抽芽前、4月的休眠期进行，应对有安全隐患的枝条及时进行修剪。

（2）养护修剪要点

①及时修剪重叠枝、枯死枝、内膛枝、劈裂枝、病弱枝、过密枝、下垂枝、偏冠超长枝，形成通透、疏朗、采光通风良好的树形；枝下高3.5m以下的树枝要修剪。

②修剪的枝条总量占树冠的比例约为1/5，每2～3年完成一轮修剪；修剪时不要伤及干树皮。

③修剪锯口断面要平滑垂直地面，伤口呈直立椭圆形，不劈裂，利于排水；锯口断面不垂直，则断面易腐烂。

④锯口直径超过5cm时，及时对剪口进行消毒，伤口活体截面涂抹愈伤组织诱导激素等，涂消毒防腐愈合剂，死体截面涂伤口防腐剂进行防腐固化处理。

案例1　福州梅峰小学古榕树修剪保护

　　福州梅峰小学连理古榕树，2021年雨季台风来临前完成枝条修剪，修剪重叠枝、枯死枝、内膛枝、劈裂枝、病虫枝、过密枝、下垂枝、偏冠超长枝；修剪枝条总量占树冠的比例约为1/5，加强树冠通风，减少树冠自重，减少台风暴雨对古树名木的树冠危害，有效地改善了古榕的生态环境（图3-51、图3-52）。

▲ 图3-51　小学古榕修剪内膛枝、过密枝、下垂枝、重叠内膛枝、病弱枝、枯死枝

▲ 图3-52　古榕修剪断面要垂直，否则断面易腐烂

案例2　古树名木修剪伤口保护

　　古树名木修剪时，不要损伤主干树皮，修剪伤口断面要平滑垂直地面，呈直立椭圆形。不劈裂，利于排水。不垂直，则修剪锯口断面易腐烂，锯口直径超过5cm，及时对创面涂防腐剂消毒（图3-53）。

▲ 图3-53　修剪断面要平滑垂直，创面涂防腐剂消毒

（3）根部萌蘖枝修剪：古树名木长势强，根部萌蘖枝要修剪；古树名木长势衰弱，可以适当选留萌蘖枝，独本树木应保留2～3枝离树主干较远的萌蘖枝条；丛生树木应在保留体现古树年龄的枝条的前提下，去弱枝留强枝。

（4）古树名木存在开花、坐果过多而影响树势的情况，应及时疏花、疏果。疏花应使用生物除花等方法在初花期进行；疏果应选择在幼果期人工开展。

（5）有纪念意义或特殊观赏价值的枯死古树名木，应采取防腐固化、支撑加固等措施予以保留，并根据造景要求进行合理整形。

（6）种植在古建筑物附近的古树名木，为了保护古建筑物的安全，应将延伸在建筑物上的枝条适当短截，防止灾害性天气造成折枝，危害建筑物的安全。

（7）古树名木的修剪，应由专业技术人员提前制定修剪方案，经园林专家论证同意后，将由古树名木园林主管部门批准后实施，合理伐除或修整影响古树名木采光通风的草木。

第五节　土壤管理

古树名木保护树池宜与保护面积相同，应尽量全部拆除狭小树坛。

一、表层松土

古树名木保护区域内的土壤有建筑垃圾、生活垃圾和部分废弃构筑物，应予以松土清理。每年至少进行2次松土，松土深度30cm，掺入适量的细沙、有机肥和生物肥、复合颗粒肥、微量元素、生物活性有机肥和微生物菌肥等；将土壤与掺入物质混匀后压实、整平地面，改善土壤团粒结构和透气性，并及时浇水，松土时应避免伤及根系。

二、换土

土壤条件差的古树名木，采取换土处理，在树冠投影范围内，换土深度不少于80cm，每次换土面积不大于树冠投影面的1/3。施工过程中及时将暴露出来的根用浸湿的草袋子覆盖，将原来旧土与沙土、腐叶土、锯末、有机肥、少量化肥和生根剂混合均匀之后填埋。对排水不良的古树名木，挖深2～3m的排水沟，下层填以大卵石，中层填以碎石和粗沙，再盖上无纺布，上面掺中细沙和园土填平，使排水顺畅，两次换土时间应间距一个生长季。

案例1　福州梅峰小学换土改善古榕树生态环境

福州梅峰小学连理古榕树，原是长在两个直径5m的花坛，按保护规范规定的树冠投影范围的保护绿地内，全部挖去硬铺装花岗岩面层，更改成为25m×13m的保护绿地，换土厚50cm，有效地改善了古树生态环境（图3-54、图3-55）。

▲ 图3-54　梅峰小学换土改善古榕绿地生态环境，扩建成25m×13m的保护绿地，换土厚50cm

▲ 图3-55　去除梅峰小学古榕原花岗岩硬铺装

案例2　福州马尾船政文化园换土改善古榕树生态环境

　　福州马尾船政文化园古榕闽A0024（马尾）和闽A0023（马尾）古榕原种在直径5m的花坛。为了改善古榕绿地生态环境，全部挖去古榕周边硬铺装花岗岩面层，更改为60m×23m保护绿地，换土厚50cm（图3-56）。

▲ 图3-56　船政文化园闽A0024（左）和闽A0023（右）古榕挖去硬铺装面层，改成60m×23m保护绿地，换土改善保护绿地生态环境

三、地被植物

古树名木下植被要优先选择有益于土壤改良和古树名木生长的地被植物，如白三叶、蔓花生、苜蓿、含羞草、麦冬等，古树名木周边可通过铺设覆盖物对土壤进行保护。

四、季节养护要点

（1）春季养护，依据天气状况、土壤和树木分析结果，按配方施用适量腐熟有机肥。

（2）夏季养护，依据天气和土壤含水量情况，及时对古树名木保护范围内的土壤浇水并中耕松土；防涝排水，地上环境防止水土流失，进行护根护坡等保护工作。

（3）秋季养护，依据天气状况和土壤含水量，适时浇水，防止过早黄叶、落叶；依据古树名木生长状况，做好中耕松土、施肥或叶面喷肥工作。

（4）冬季养护，需及时清理树下环境垃圾，做好古树名木卫生清理及安全防火工作。

第六节　有害生物防治

古树名木的有害生物防治，要遵循"预防为主、综合防治"的植保方针，应加强古树名木在高温、干旱环境下的病虫害的日常检查和防治；并对干枯枝叶、病虫枝进行整理清除，加强树冠的通风，加强预测预报，适时防治，生物防治为主，合理使用农药，保护天敌，减少环境污染。各级园林主管部门应在古树名木所在地设立监测点，根据本区（县）古树名木数量配备专业的监测员，负责病虫害生物发生动态监测。应做好每周监测记录，包括观察日期、地点、病虫害有害生物名称等内容，每月向园林主管部门汇报1~2次，针对疫情应及时启动防治预案。

古树名木有害生物的防治可通过物理防治、化学防治、生物防治进行。

一、物理防治

按照古树名木的生长特性，剪除古树名木枯死枝、病虫枝、徒长枝、内膛枝，树下杂物和带有病原物的落叶，通过采取人工捉、挖、刷、刮、剪等办法进行清除染病的叶、花、果，刮除病斑，清除根部病残体，剪除侵染源，并进行焚烧处理。同时，摘除清除悬挂或附在植物和周围建筑物上、古树名木树上、地下土壤以及周围隐蔽缝隙处的幼虫、虫囊、蛹、成虫、虫茧、卵块的虫害等。在成虫发生期，可利用害虫的趋光性、趋化性、趋色性等特性进行诱杀，如杀虫灯诱杀、信息素诱杀、饵料诱杀、声波杀灭等。出现有翅蚜的，可通过在古树名木周边的一定范围内进行设置药障等方式，阻止害虫或软体动物危害。对于病菌的孢子以及害虫，可选择粘胶、粘板、粘纸、粘带、黑光灯等工具清除。可人工清除蜗牛、蛞蝓等虫体。直接捕杀个体大、危害症状明显的、有假死性或飞翔能力不强的成虫。

通过土壤传播的，应挖除在土壤中的休眠虫体，应进行土壤消毒，冬耕翻晒。对于侵染性病害如煤污病、白粉病、丛枝病等，对受害严重的病枝及病叶进行人工清除，加强防治养护管理，合理修剪，增强通风透光性，提高古树名木自身抗性。对于田鼠、鼢鼠等有害动物应在安全的前提下，采用捕鼠笼、夹进行人工防治。

应清除古树名木病原菌的转主寄主植物、寄生植物和藤本植物，同时铲除古树名木周边的缠绕于枝干或根系周边的及残留于土壤中的根系的各类恶性杂草、攀缘性杂草及大型杂草等有害植物。应对古树名木枯死、带病虫枝叶及树下病虫的越冬场所等及时整理清除，以达到消灭越冬病虫源的目的；同时应加强古树名木早春病虫害预测预报，加强高温、干旱、高湿环境下的病虫害防治，并视环境条件情况选择在树干上涂药进行防虫防病，从而降低越冬病虫源密度。

二、生物防治

保护和发展现有天敌，开发和利用新的天敌，包括以微生物治虫、以虫治虫、以鸟治虫、以螨治虫、以激素治虫、以菌治病等方法。古树名木病虫害的防治，宜采用有高效而无污染的苏云金杆菌（Bt乳剂等）、灭幼脲类（除虫脲等）、抗生素类（爱福丁、浏阳素等）等生物农药。接种K-84、E-26、菌根菌，土壤施微生物肥和生物活性有机肥于古树名木根部。

三、化学防治

古树名木有害生物的化学防治，在病害发生初期，应做到预防措施：早春和晚秋应普遍喷石硫合剂各一次，冬季树干用石灰和石硫合剂混合涂白，有效压低病虫害发生概率。古树名木病虫害的治疗，针对有害生物种类、发生期、虫口密度，采用不同的化学药剂、不同浓度在适宜时机进行防治，应综合考虑兼治多种危害期相近的害虫，减少用药次数。

蛀干害虫应抓住成虫裸露期防治，幼虫期采用熏蒸剂注药堵树干孔防治，如毒死蜱、杀虫双、双甲脒等。成虫始发期前喷洒低毒触杀性药剂防治，如溴氟菊酯、氯氰菊酯等。

对于枝干病害，可采用农药灌根、药剂涂抹，在枝干部涂抹石硫合剂。于入冬前，喷施波尔多液、白涂剂等措施。

下面介绍几种病虫害防治方法：

食叶害虫应抓住初孵幼虫或群集危害期，喷触杀性或胃毒性药剂防治，如灭幼脲、除虫脲、阿维菌素、烟参碱等。

榕透翅毒蛾（食叶害虫）防治方法，可在幼虫发生为害期用下列办法防治。①利用黑光灯诱杀幼虫。②采用无公害生物农药（Bt）杀麟精500倍药液喷雾2次，隔周一次。10~15天后，再喷射防治一次。

榕灰白蚕蛾（食叶害虫）防治方法：①用含100亿/克菌量的灭螟杆菌1000倍药液喷洒。②保护天敌姬蜂科的寄生蜂及多角体病毒。③生物农药（Bt）杀麟精500~800倍药液喷雾2次，隔周1次。④修剪过密枝叶、病虫害枝叶，减少第二年用药浓度。

刺吸式害虫应抓住早期虫口密度较低时，喷洒内吸性或渗透性强的药剂防治，如吡虫啉、啶虫脒、杀虫双等。

榕管蓟马（刺吸式害虫）防治方法：①盆栽桩景古榕树发生榕管蓟马为害数量少时，可用手捏死卷叶内成虫、若虫。②在4~6月为害严重时，用25%亚胺硫磷800倍液或50%杀螟松乳剂1000倍药液喷洒防治。③清除树下杂草堆物，消灭越冬成虫、若虫。

红蜘蛛（刺吸式害虫）防治方法：①修剪枝叶，使其通风透光并清除枯枝杂草，可降低虫口密度。②在5~6月为害期，用40%杀螨醇1000倍乳油。

堆蜡粉蚧（刺吸式害虫）防治方法：①修剪已枯干带虫枝叶、过密枝叶，使之通风透光，减少虫害发生。②冬季用2~3波美度石硫合剂喷杀越冬成虫。③4~6月若虫孵化初期用25%水胺硫磷800~1000倍液连续喷2次，隔10天喷1次。

龟蜡蚧（刺吸式害虫）防治方法：盾壳蜡质坚硬，防治药液不易渗透，防治关键是掌握5月下旬至6月初若虫孵化盛期和初龄（1~2龄）期若虫。若虫盾壳较薄时是防治喷药最适时期。防治方法是对初龄幼虫用50%杀螟松乳剂600倍药液喷洒防治效果较好。

白蚁危害可用白蚁瘟杀灭。

第七节　自然灾害应急防护

一、防台风防汛

台风前按气候状况和气象部门天气预报情况，在6月中旬作出防风防汛防护预案，做到加强巡视，支撑、拉紧树体倾斜、不稳的古树名木，对冠幅大、枝叶密、偏冠的古树名木进行疏枝，对古树保护区域排水设施进行检查、疏通。台风后应及时进行排查，及时抢救处理受损的古树名木。

二、防雷

管护责任单位应对古树名木防雷电设施，在每年雷雨季前进行检查，有必要可请专业部门进行检测、维修。及时对已遭受雷击的古树名木的损伤部位进行保护处理。

三、防寒

在寒潮来临前，做到加强巡视，对裸露的根系进行覆土；对易受冻害和处于抢救复壮期的古树名木，在根颈部、主干覆盖草包或塑料薄膜、树干涂白、树体包膜穿衣、设防寒屏障、缠麻喷洒防寒抗冻剂和追施磷钾肥等物理、化学防护措施。寒潮后应及时排查，抢救处理受损古树名木。

第八节　复　壮

对长势衰弱、濒危的古树名木应进行光、热、水、土壤等状况的调查研究，依据古树名木生长状况的全面检查结果，规划对生长势衰弱的古树名木实施保护复壮工程。制定改变光、热、水、土壤等状况，恢复生长势的复壮方案。

一、光照控制

对长势衰弱、濒危的古树名木，当光照条件产生突然变化，影响古树正常光合作用时，应进行遮光和补光处理。遮光主要用遮阴网的方法，可选择固定遮阴网对光照进行调节。遮阴网安装应固定牢固，位置应设置于树冠偏西南侧，以保证树冠不受中午强光照射。

案例1　古树复壮养护

晋安区前屿西路工地濒危古雅榕，施工期用钢管架设遮荫网形成保护绿地，保护古雅榕防风防西晒，防止意外损害（图3-57）。

◀ 图3-57　晋安区前屿西路工地濒危古雅榕施工期用钢管架设遮荫网形成保护绿地，防风防西晒，防止意外损害

二、降温处理

若古树名木因环境变化导致局部温度过高造成热伤害时，应尽可能去除热源，或采取建隔热墙、种植防护林带、设置反光板以及在树体喷雾降温等防护措施。喷雾设施一般安装于树上方和外侧，防因喷雾导致根部积水。

三、水分调节

复壮古树，对根部受到损伤或蒸腾强烈而导致缺水的，应进行叶面喷雾补水；对于生长绿地下水位过高或土壤盐碱化的，可利用埋设盲管的方式降低地下水位或排盐。排水不良的要设渗水井，雨季可酌情用泵加强排水。

四、土壤改良

（1）土壤板结或土壤孔隙大量堵塞而导致土壤结构变劣，影响古树名木生长，包括密实土壤、硬质铺装土壤、污染土壤和坡地土壤等，应对其土壤结构与养分情况进行检测并制定相应改良方案，有针对性改良土壤结构，增加土壤的通透性。

打营养孔：若古树名木树冠下地面铺设的全为通透性差的硬质铺装，且树堰很小时，应首先拆除古树吸收根分布区内的地面硬铺装，在露出的原土面上通过钻孔或挖土穴均匀布点3~6个透气浇水施肥管孔。树下挖直径40~50cm、深均为80cm的管孔，用碎树枝和植物落叶（60%腐熟落叶和40%半腐熟落叶）、湿沙、草炭土填入，压实后约5cm厚，覆土5cm，再掺加适量含N、P、Fe、Zn等矿质营养元素的有机肥和生物肥料，加大土围堰。

对无法拆除地面硬铺装的，可在树冠垂直投影以内打通气孔。施用棒肥，满足树木生长所需的营养元素，从而达到复壮的目的。地面打孔应符合以下规定：

①通气孔密度每平方米一个，可结合观察孔设置。钻孔直径以10~12cm为宜，深以80~100cm为宜；土穴长、宽各以50~60cm为宜，深以80~100cm为宜。

②孔内以草炭土和腐熟有机肥填满；土穴内从底往上并铺且垒高2块中空透水砖至略高于原土面处，土穴内空处填入掺有有机质、腐熟有机肥的熟土，填至原土面。然后在原土面铺上并压实合适厚度的掺草炭土湿沙，最后铺透气砖至与周边硬铺装地面齐平处。

（2）待复壮古树，土壤改良应达到适宜、协调、平衡、增效的目的。土壤改良工程应于2~3年内完成；改良土壤结构时应该保持古树名木根颈部位的原有土壤标高，周边土壤应低于根颈部。在施工中采取根系保护措施。

（3）密实土壤改良，可通过复壮沟或营养坑与通气管、渗水井等措施，改善地下环境，使其根系在适宜的条件下生长。土壤贫瘠、营养面积过小、发生污染的土壤，应通过改土、换土、埋条、打孔、施用肥料（复合肥、气肥、生物肥料）等措施进行改良。

①复壮沟。复壮沟位置在树冠投影外侧，有弧状和放射状两种方式。弧状复壮沟于树冠垂直投影外侧，以挖80~100cm深，60~80cm宽，弧长不超过3m，放射状复

壮沟以树干为中心，自树冠垂直投影内侧1~3m处由里及外、由浅至深开挖2~4m长、60~100cm深的沟。单株古树可挖4~6条复壮沟，群株古树可在古树之间设置2~3条复壮沟。在树冠投影外侧挖放射状沟4~12条，每条沟（长×宽×深）：120cm×（40~70）cm×80cm。复壮沟底层铺设10~15cm的粗沙和陶粒（或小碎石），垫放10cm厚的松土，中间隔层堆放10~20cm的腐叶土或生物有机肥等与一定量的河沙和矿质元素肥料混合而成的复壮基质，施入生物肥料或施骨粉和有机肥、复合肥，覆土10cm后放第二层树枝捆，表层覆盖10~15cm的表土踏平。应做到埋入沟内的树条与土壤形成大空隙，使古树根系在条内穿伸生长。

②在沟和坑内添加的改土物质应注意：①改良土壤容重应在掺入细沙后达到1.1~1.3g/cm³。②改良土壤有机质含量应在掺入粗有机质和腐殖质后大于20.0~30.0g/kg。③土壤氮磷钾的水解性氮应在掺入有机无机复合颗粒肥后，达到90~120mg/kg，速效磷应达到10~20mg/kg，速效钾应达到85~120mg/kg。④微量元素应施用量为氮磷钾用量的2%~5%。

（4）污染土壤的处理。污染土壤包括渗滤液土壤、盐碱土壤和酸碱性土壤，处理应参照下列方法：

①应施用生石灰中和pH小于5的土壤。

②应施用硫酸亚铁或硫黄粉中和pH大于8的土壤。

③将土壤pH调整到5~8范围内。对于污染严重的土壤，应一次性全部更换。

五、根外施肥

（1）叶面追肥法。古树名木需快速补充养分及微量元素时，可进行叶面施肥。肥料应选用性能稳定、不损伤植株的种类，也可视需要加入适量生长调节剂。每年进行2~5次，要遵守营养均衡原则，根据不同树种和营养诊断结果确定肥料比例，追肥一般在阴天、早晨或傍晚进行。

（2）注干施肥法。参照第三章第三节肥料管理做法。

六、促根

可通过促根措施对古树名木进行复壮，常用的方法有以下几种。

（1）断根法。古树名木复壮，通过断根刺激新根发育，在树冠投影面内侧30~60cm断须根，断根在2~3年内完成，或结合开挖施肥沟进行断根。断根时保留粗大支撑根，断根处喷洒生根剂。

（2）气根引导法。对于榕树等气根发达的树种可采用气根引导法进行促根（详见第四章第一节）。

（3）生根剂法。在种植土中拌入生根粉进行浆根处理，在根系范围内每10天浇一次生根水，促进根系萌发。

（4）菌根接种法。选择能促进树木生长的菌根菌进行接种。以春季为佳，在晴天或多云天气进行接种。在树冠投影范围内挖2~3个不损伤根系接种菌穴，挖见古树须根后，直接接种在古树须根上并覆原土。

七、养护修剪

具体做法参见第四节养护修剪。

八、树干涂白

对古树、弱树通过树干涂白防护，进行杀菌、防止病菌感染，并加速伤口愈合。在树干涂专用涂白剂，达到杀死树皮内的越冬虫卵和蛀干昆虫、截除土壤中的害虫上树、防止动物咬伤树皮。若出现冻害、日灼或早春霜害等情况，通过涂白树干反射阳光降低日夜温差，避免树干冻裂。对于生长于路边的古树名木，将树干刷白，可美化景观，并避免晚间车辆碰撞。

九、抢救

（1）古树名木因突发事件造成濒危情况，紧急评估并采取迅速有效的救助手段挽救生命。若有较多症状，要以先危后重、先重后轻为原则。将最为严重问题优先处理，使危及生命情况立即解除。

（2）若古树名木出现生长衰弱且濒危的情况，应及时对病因进行分析、辨症施治。当遇到疑难病例时，应及时申请会诊。适当选择进一步的诊断性治疗试验和辅助检查以确保诊断明确。

（3）若出现积涝的情况，可采用挖沟、挖渗井抽水等方式使地下水位迅速降低；若土壤突然遭受污染或盐碱化、酸化的，应与排水沟结合流水冲洗排盐、排水；若有必要再进行换土或迁地保护。若叶片中毒，可喷洒拮抗剂。

第九节　古树移栽保护

一级保护的古树名木由于树龄长，生长衰弱且濒危，生长势弱，不提倡迁地保护。

由于城市建设或道路建设，二级保护古树名木要异地移植保护——即迁地保护。为了保证土球不散，保证古树移植成活率，采用木箱移植，木箱规格是主干胸径的4~6倍。且采用智能节水喷雾系统给移植古树名木喷雾保湿保活。现在论述案例，由于要建设福州北向第二通道，原位于北向第二通道的道路红线范围山坡上，要迁地移植二级保护十几株龙眼古树群。采用木箱移植，在苗木定植后，牵拉比树高1m的遮阴网进行防晒防风，采用智能节水喷雾系统给移植龙眼树喷雾保湿，保证移植成活率95%以上。移植回填土用含有腐叶土与有机肥混合种植土。

案例1 第二通道谭桥佳园路口闽A00385（晋安）龙眼移栽保护

福州第二通道谭桥佳园路口编号A00385（晋安）二级保护龙眼古树，胸围2.4m，胸径0.76m，原树高14m，冠幅12m，修剪回缩后树高9.8m，冠幅7m，用于移植的苗木框3.1m×3.1m×1.8m，苗木框的宽是主干胸径4～5倍。苗木定植后，架设比树高1m遮阴网防西晒，采用智能节水喷雾系统给移植龙眼树喷雾保湿，移植回填土用腐叶土与有机肥混合土，保证移植95%成活率，现龙眼生长势良好（图3-58至图3-61）。

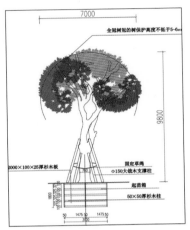

▲ 图3-58 闽A00385（晋安）二级保护龙眼古树迁地保护设计立面图

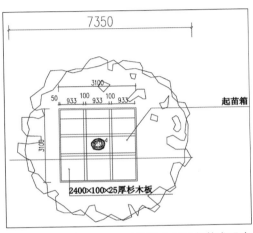

▲ 图3-59 闽A00385（晋安）二级保护龙眼古树迁地保护设计平面图

▲ 图3-60 闽A00385（晋安）二级保护龙眼古树迁地保护移植前原状图

▲ 图3-61 闽A00385（晋安）二级保护龙眼古树移植后生长实景

案例2　第二通道谭桥佳园路口闽A00386（晋安）龙眼移栽保护

　　福州第二通道谭桥佳园路口编号A00386（晋安）二级保护龙眼古树，胸围2.2m，胸径0.7m，原树高14m，冠幅12m，现修剪回缩树高10m，冠幅7m，用于移植的苗木框2.8m×2.8m×1.5m。苗木框的宽是主干胸径的4倍。架设比树高1m的遮阴网进行防西晒防风，采用智能节水喷雾系统，给移植龙眼树定时定量喷雾保湿保活。移植回填土含有腐叶土与有机肥混合种植土，保证移植95%成活率，现生长势良好（图3-62至图3-65）。

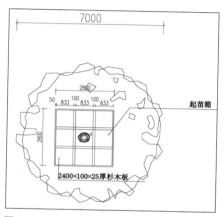

▲ 图3-62　闽A00386（晋安）二级保护龙眼古树迁地保护设计平面图

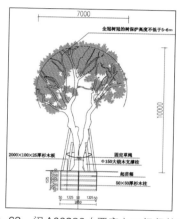

▲ 图3-63　闽A00386（晋安）二级保护龙眼古树迁地保护设计立面回缩树高10m，冠幅7m

▲ 图3-64　闽A00386（晋安）二级保护龙眼古树迁地保护移植前原状图

▲ 图3-65　闽A00386二级保护龙眼古树移植后生长实景图

案例3　第二通道谭桥佳园路口闽A00409（晋安）龙眼移栽保护

　　福州第二通道谭桥佳园路口闽A00409（晋安）二级保护龙眼古树，胸围2.2m，胸径0.6m，原树高13m，冠幅10m，现修剪回缩树高9m，冠幅5.5m，用于移植的苗木框为2.4m×2.4m×1.5m，苗木框是主干胸径的4倍。架设比树高1m的防西晒遮阴网进行防晒防风，采用智能节水喷雾系统，给移植龙眼树定时定量喷雾保湿保活。移植回填土含有腐叶土与有机肥混合种植土。保证移植95%成活率，现生长势良好（图3-66至图3-71）。

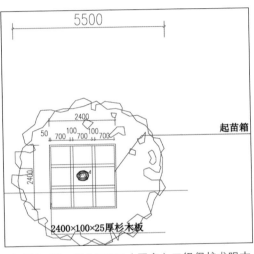

▲ 图3-66　闽A00409（晋安）二级保护龙眼古树迁地保护设计平面图

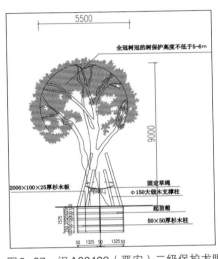

▲ 图3-67　闽A00409（晋安）二级保护龙眼古树迁地保护设计立面图，回缩后树高9m，冠幅5.5m

▲图3-68　闽A00409（晋安）二级保护龙眼古树迁地保护移植前原状图

▲图3-69　闽A00409（晋安）二级保护龙眼古树迁地保护移植后生长实景图

▲图3-70　闽A00409（晋安）二级保护龙眼古树迁地保护挂防晒遮阴网钢架

▲ 图3-71　闽A00409（晋安）二级保护龙眼古树迁地保护挂吉祥牌注干生长调节剂

案例4　福州四中"编网榕"移栽保护

基本信息： 福州四中"编网榕"，闽A00033（台江），一级保护古树，树高15m，胸围3.2m，冠幅500m²，原位于"全闽第一江山"大庙山古风景区越王庙墙头。经历3次火灾而顽强生存下来。

古树现状： 1989年台风暴雨吹塌越王庙挡土墙，古榕树轰然倒塌，移植后生长良好。

保护措施： 福州四中校方迁移古榕于操场上花坛，原树干怀抱巨石，移植时巨石脱落，树干气根呈镂空编网状，故命名为"编网榕"。

保护效果： 经20多年保护生长，光照水肥充足，枝繁叶茂，成为福州十大奇榕之一。历经3次火灾和暴风雨而顽强生存下来，体现榕树顽强拼搏精神（图3-72至图3-74）。

▶ 图3-72　福州四中"编网榕"，一级保护古树

▲ 图3-73　经20多年保护生长，枝繁叶茂，树高15m，胸围3.2m，冠幅500m²，成为福州十大奇榕之一

▲ 图3-74　校方修剪迁移古榕于操场，原树干怀抱的巨石移植时脱落，树干气根形成镂空编网状，命名"编网榕"

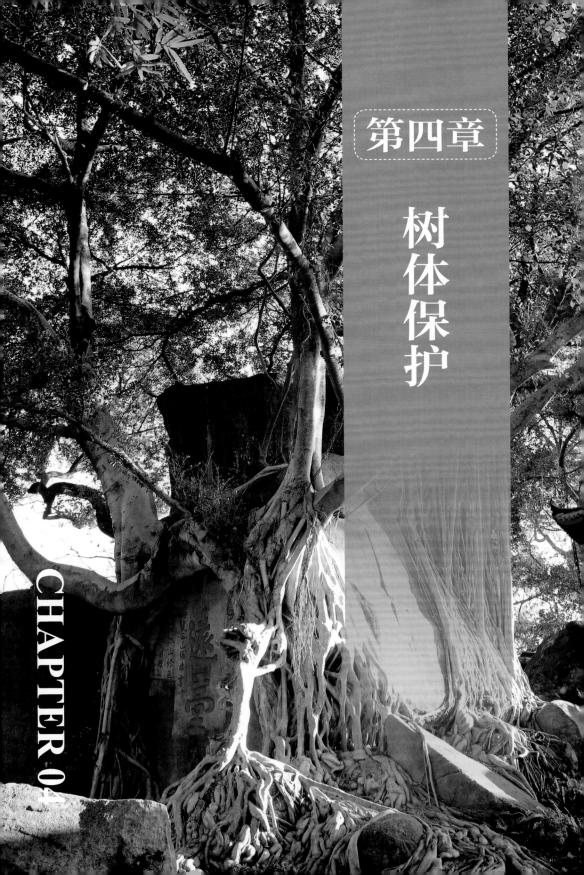

第四章

树体保护

CHAPTER 04

第一节　引导气生根生长保护

为了让榕树（古树名木）能更好地依靠自身稳定性防风抗灾，应当发挥榕树自身优良生态习性，引导榕树气根向下生长，入土成支柱根，起到长久性保护古榕的作用。可采用竹筒或塑料管，将榕树的气根引导到地面。将竹竿纵劈去节（或Φ110～160mm长圆形PVC、UPVC塑料管，波纹管）固定须根部，竹筒（PVC塑料管）内填入腐殖土和洲土，或黄土，包裹须根，对树体进行喷雾和灌水、施肥。对于气生根较小或不易形成气生根的树种（如雅榕），可采用生根剂拌泥浆包裹诱导生根，气根萌发后将产生的新气根引导到地面，形成支柱根保护古榕。在我国很多地方有应用引导气生根生长保护古榕的成功案例（图4-1）。

案例1　光明港公园长圆形PVC塑料导引管引导气根生长

▲ 图4-1　光明港公园用Φ110～160mm长圆形PVC塑料管引导气根入土生长成支柱根，把白色塑料管面层涂绿，画气根图案，力求环境协调，景观优美

案例2　福州西湖公园"独树成林"大榕树保护

基本信息： 迎客榕、"独树成林"榕树，位于福州西湖公园梦山景区步云桥头，三面临路口，编号闽A00029（鼓楼），二级保护，树高25m，冠幅直径30m，胸围10.13m，绿地面积比树冠面积大得多。

古树现状： 气根落地众多，古榕生机勃勃，枝繁叶茂。

保护措施： 将竹筒纵劈去节（或Φ110～160mm长圆形PVC塑料管），内填入腐殖土和洲土，或黄土、沙洲土混合，包裹须根，将榕树众多气根引导入土成支柱根，形成"独树成林"榕树景观，保护榕树不受台风危害。

保护效果： 迎客榕榕须飘飘，壮观美丽，喜迎八方游客，成为造福人民的福树，是休闲健身娱乐的好环境（图4-2）。

▶ 图4-2　梦山景区迎客榕，编号闽A00029（鼓楼），将榕树众多气根引导入土成支柱根，枝繁叶茂，榕须飘散，保护榕树不受台风危害，形成休闲健身娱乐的好场所

案例3 福州南门兜环岛大榕树保护

基本信息： 南门兜环岛大榕树，位于福州南北城市历史文化中心轴八一七路和东西道路交汇路口，编号闽A00153（鼓楼），二级保护古树名木，高20m，冠幅直径45m，胸围（4.2+3+2.1）m，树龄百年。

古树现状： 在清朝、民国时期福州南城门口——南门兜路口曾生长有珍稀树种金钱榕，是母子大榕树，惠荫行人，受人敬仰。20世纪70年代由于战备需要，南门兜环岛榕树被砍。1972年从当时警备区司令部大院移植大榕树，新栽于南门兜路口环岛。现福州城区建地铁线路避让此移栽榕树。榕树生长良好，稳重大气，长势繁茂，成为榕城经典的历史文化地方标志性景观。

保护措施： 1972年移栽时榕树重50t，土球径5m，榕树高10m，胸径0.5m，引下众多气根和2根支柱根支撑繁茂树冠。

保护效果： 引下气根支柱根支撑，起到长久性保护古榕作用。南门兜环岛榕树成为福州风水树，地标榕，造福地方百姓，展现福州社会建设兴旺发达景观（图4-3、图4-4）。

◀ 图4-3　南门兜路口环岛大榕树全貌

◀ 图4-4　南门兜环岛大榕树引下众多气根和2根粗壮气根柱，经过十几年生长，气根支柱根支撑繁茂树冠，起到长久性保护古榕作用

案例4　福州海潮寺十八学士古榕保护

基本信息： 十八学士古榕，位于福州五一路海潮寺天王殿西南，编号闽A00007（台江），一级保护古树，树高18m，胸围5.89m，冠幅600m²。传说海潮寺建于唐朝，内有建于唐朝古井。十八学士古榕传说是唐朝程咬金所栽，树龄传说有千年。

古树现状： 主干基部有主枝风折伤口，榕树生长良好，长势繁茂。

保护措施： 通过引导主枝气根骑墙生长，气根繁多入地，形成榕树门奇观。

保护效果： 古榕生机蓬勃，树冠傲首云天，展现福州社会建设兴旺发达、榕树顽强拼搏奋勇向上精神，为榕城经典的历史人文地方标志性景观（图4-5、图4-6）。

◀ 图4-5　海潮寺十八学士古榕引导气根骑墙生长，形成榕树门奇观，气根繁多入地，树冠傲首云天

◀ 图4-6　古榕主干基部有风折伤口，气根繁多入地，生长繁茂，展现榕树顽强拼搏奋勇向上精神

案例5　福州于山历史名胜公园寿岩榕保护

基本信息："寿岩榕"是著名抱石古榕，位于福州于山风景区补山精舍边，编号闽A00012（鼓楼），胸径2.7m，胸围8.5m，高30m，冠幅直径40m，树龄200多年，一级保护古树，十大古榕、十大名榕之一。

古树现状：古树生长在悬崖峭壁之上，悬垂气根入土，气根抱住岩石，形成盘根网布、树冠横空出世、岿然挺立的奇观。

保护措施：引导气根抱石生长，气根繁多入地，起到长久性保护古榕作用。

保护效果：古树树冠状如悬崖迎客松，树干与气根造型如龙头凤尾，巨岩上题刻寿字，寓意龙凤吉祥，天长地久，万古长青，为榕城经典的榕树历史人文地方标志性景观（图4-7）。

◀ 图4-7　于山寿岩榕，生长在悬崖峭壁之上，树冠状如悬崖迎客松，树干与气根造型如龙头凤尾，巨岩上题刻寿字，寓意龙凤吉祥，天长地久，万古长青

案例6 福州于山历史名胜公园月朗风清古榕树保护

基本信息： "月朗风清"古榕树，位于福州于山历史名胜公园"月朗风清"碑石旁，二级保护古树，编号闽A00080（鼓楼），福州十大古榕之一，胸径1.29m，胸围4.06m，高15m，冠幅500m²，冠幅直径26m，树龄有400多年。因清朝乾隆辛巳年（1761年2月5日至1762年1月24日）福州郡守李拔题刻"月朗风清"而闻名于世。

古树现状： 古榕蓬勃生长，枝繁叶茂，葱绿满树冠。

保护措施： 古榕本衰老，用竹筒引下十几根气根入土后，气根涨粗，形成榕树门奇观。

保护效果： 引导气根抱石生长，起到长久性保护古榕作用。榕荫下是人们休闲健身娱乐好场所，为榕城经典的榕树历史人文地方标志性景观（图4-8至图4-10）。

▲ 图4-8 气根不断涨粗，蓬勃生长，榕荫下广场是人们休闲娱乐健身好场所

▲ 图4-9 "月朗风清"古榕葱绿满树冠，引下十几根入土，抱石蓬勃生长，气根支撑古榕，起到长久性保护古榕作用

▲ 图4-10 古榕气根形成榕树门奇观

案例7 福州于山历史名胜公园平远台古榕树保护

基本信息： 平远台古榕树，位于福州于山历史名胜公园状元峰景区，二级保护，树高15m，冠幅直径36m。实际是三株榕气根相连、主枝交互的连体古榕。平远台有宋代至今十多块摩崖题刻，有很高人文景观考古价值。

古树现状： 古榕生长在平远台峭壁巨石之上，气根抱住岩石，蓬勃生长，枝繁叶茂。

保护措施： 引导古榕几十根气根抱石入土，气根涨粗，形成榕树门抱石奇观。

保护效果： 引导气根抱石生长，起到长久性保护古榕作用。营造平远台榕荫广场，是人们游赏于山历史文化景观好环境，形成优美历史人文旅游景观资源，游人众多，是人们休闲健身娱乐好场所（图4-11）。

▲ 图4-11　于山状元峰平远台古榕树，繁多气根抱住平远台巨岩，连体古榕蓬勃生长，体现古榕顽强拼搏精神，榕荫下是人们休闲健身娱乐好场所

案例8　福州于山历史名胜公园狮子岩狮鬃榕保护

基本信息：狮鬃榕，位于福州于山历史名胜公园护国禅寺边狮子岩，狮子岩高8.8m。二级保护古榕，十大奇榕之一，树高12m，冠幅直径30m，有8个分枝。

古树现状：榕气根相连、主枝交互，蓬勃生长，气根抱住岩石。

保护措施：引导古榕几十根气根抱石长在峭壁巨石之上。

保护效果：气根抱石生长，起到长久性保护古榕作用。狮子岩有自宋代至今十多块摩崖题刻，有很高的历史文化考古价值，是人们观赏于山历史文化景观好场所，形成优美人文旅游景观资源（图4-12至图4-14）。

▲ 图4-12　福州于山狮鬃榕，十大奇榕之一，树高12m，冠幅直径36m

▲ 图4-13　狮子岩有宋代至今摩崖题刻，有很高的历史文化考古价值，是人们观赏历史文化景观好场所

▲ 图4-14　气根抱岩石，主枝气根相连交互，峭壁巨石之上蓬勃生长，长久保护古榕

案例9　福州乌山历史风貌区十三太保骑墙古榕树保护

基本信息："十三太保"骑墙榕，位于福州市政府后院沈葆桢祠堂后进围墙上，（乌山石林景区），二级保护古榕，编号闽A00161（鼓楼），树高20m，冠幅直径22m，主干胸围（5.5+0.8+2+1.1+2）m。

古树现状：古榕蓬勃生长，不断骑墙长出众多气根。

保护措施：几百年间，引导古榕几十根气根在墙头抱石长成参天大树。

保护效果：骑墙抱石生长，起到长久性保护古榕作用，体现古榕顽强拼搏精神，榕荫下是人们休闲健身娱乐好场所（图4-15）。

◀ 图4-15　福州乌山"十三太保"骑墙榕，不断骑墙生长，几百年间长成参天大树，古榕蓬勃生长，体现古榕顽强拼搏精神

案例10　福州乌山历史风貌区三足鼎立古榕树保护

基本信息: "十三太保"三足鼎立榕,位于福州市委宣传部大楼后侧石崖围墙上,树高20m,冠幅直径50m,二级保护古榕。

古树现状: 主枝、二气根柱在巨岩上,长成三足鼎立参天大树,形成硕大树冠。

保护措施: 为抵抗台风,主枝萌生2气根柱缠抱巨岩,骑墙长气根,鼎立生长三丛支柱。

保护效果: 巨岩骑墙鼎立三丛支柱,形成参天大树硕大树冠,体现古榕不畏艰难险阻,顽强拼搏的精神。游人众多,人们感其神明,巨岩下三圣佛祭拜香火旺盛,形成优美人文旅游景观资源(图4-16)。

▶ 图4-16 "十三太保"三足鼎立古榕,气根缠抱巨岩鼎立生长三丛支柱,形成硕大树冠

案例11　福州乌山历史风貌区天香台三友榕保护

基本信息：三友榕，位于福州乌山历史风貌区天香台巨石上，一级保护古榕，编号闽A00013（鼓楼），树高20m，主干胸围（2.3+4.7+5）m，冠幅直径20m。

古树现状：在巨岩上长出众多气根，几百年间缠抱巨岩长成三丛参天大榕。

保护措施：主枝萌生气根柱缠抱巨岩入土，蓬勃生长。

保护效果：气根抱石生长，起到长久性保护古榕作用。天香台摩崖题刻历史悠久，游人众多形成优美历史人文旅游景观资源（图4-17）。

▲ 图4-17　福州乌山历史风貌区天香台三友榕树，树高20m，冠幅直径20m，不断在巨岩长出众多气根，气根入土，在巨岩长成参天大树，游人众多

案例12 福州乌山历史风貌区冲天台峭壁榕保护

基本信息：冲天台峭壁榕，位于乌山历史风貌区雀舌桥旁冲天台，二级保护，编号闽A00158（鼓楼），树高25m，主干胸径1.43m，胸围4.8m，冠幅直径20m，树龄100多年。

古树现状：在巨岩长出众多气根，缠抱巨岩长成参天大树，树冠浓荫覆盖冲天台及雀舌桥，为乌山三十六奇景之一。

保护措施：顺应自然，导引长10m多气根缠抱巨岩生长，蔚为壮观。

保护效果：古榕气根抱岩蓬勃生长，起到长久性保护古榕作用，冲天台和放鹤亭摩崖题刻历史悠久，形成优美历史人文旅游景观资源（图4-18）。

▲ 图4-18 冲天台峭壁榕树，在巨岩长出众多气根，缠抱巨岩长成参天大树，树冠覆盖冲天台及雀舌桥，为乌山三十六奇景之一

案例13　福州乌山历史风貌区道山亭瀑布榕保护

基本信息：瀑布榕，位于福州乌山历史风貌区道山亭南，二级保护古树，编号闽A00157（鼓楼），树高20m，冠幅直径40m，主干胸径3m，胸围（6+4.9）m，树龄100多年。

古树现状：主干在巨岩分枝超18个，气根缠抱巨岩长成参天大树，树冠覆盖道山亭。

保护措施：顺应自然，引导气根缠抱巨岩，沿巨岩面如瀑布般生长几十米，蔚为壮观。

保护效果：气根缠抱巨岩，古榕蓬勃生长，起到长久性保护古榕作用。道山亭摩崖题刻历史悠久，形成优美历史人文旅游景观资源（图4-19至图4-21）。

▶ 图4-19　瀑布榕高20m，树冠巨大

▲ 图4-20　道山亭瀑布榕气根沿巨岩面如瀑布延生几十米到市委大院叶飞故居，蔚为壮观

▲ 图4-21　福州乌山历史风貌区道山亭瀑布榕树，在巨岩长出众多气根，缠抱巨岩长成参天大树，树冠覆盖道山亭

案例14　福州乌山历史风貌区吕祖宫古榕保护

基本信息：吕祖宫古榕，位于福州乌山历史风貌区道教吕祖宫北侧，二级保护古树，编号闽A00155（鼓楼），胸围13（1+3.6）m；树高25m，冠幅直径30m。

古榕现状：生长繁茂，气根众多落地，蔚为壮观。

保护措施：①引导气根向下生长形成支柱根。②乌山历史风貌区整治扩建保护绿地。③立竹筒引导气根入土成支撑柱保护古榕。④引导气根攀岩抱石生长形成支柱根。

保护效果：4种保护措施保护高达25m的古榕树，气根林形成优美历史人文旅游景观，形成造福百姓的休闲娱乐健身广场（图4-22）。

▲ 图4-22　福州乌山吕祖宫古榕引众多气根攀岩抱石向下生长，落地生成支撑柱保护古榕

案例15 福州光明港公园凤洋将军庙古榕林保护

基本信息： 将军庙古榕林，位于福州光明港公园凤洋将军庙东西两侧，凤洋将军庙是福建省级文物保护单位。编号闽A00169（晋安），胸围5.15m；闽A00170（晋安），胸围（5.51+1.57+1.26+0.98）m；闽A00171（晋安），胸围（4.42+1.1.62）m；闽A00172（晋安），胸围3.7m等4株二级保护古榕林，树高18m,树冠幅近1600m²，树龄280年。

古树现状： 生长繁茂，繁衍十几株榕树林，形成茂密高大古榕园，蔚为壮观。

保护措施： 顺应自然，引导茂密气根落地生长，形成宽达20m的榕树双门形奇观。

保护效果： 气根落地保护凤洋将军庙古榕林，面向河口，台风经常来袭，却枝繁叶茂，向世人展现榕树顽强拼搏的精神，体现古榕御风保庙、保护生态、造福百姓的功德，成为人们休闲健身娱乐好场所，形成历史人文旅游景观资源（图4-23至图4-25）。

▶ 图4-23 凤洋将军庙古榕林繁茂景观

▲ 图4-24 凤洋将军庙古榕林茂密气根繁衍落地造成宽达20m的双榕门奇观

▲ 图4-25 凤洋将军庙古榕林茂密气根

案例16　福州茶亭公园西大门广场古榕保护

基本信息：西大门古榕，位于福州茶亭公园西大门广场中心，编号闽A0046（台江），二级保护古树，树龄200年，胸围5.50m，冠幅直径22m，高18m。

古树现状：气根入土成支撑柱，长成榕树门奇观，榕树花坛外做休闲座椅与休闲广场。

保护措施：①因八一七路改建提高路面，为保护古榕，茶亭公园西大门古榕，形成下沉路面1.3m、宽16m的保护绿地花坛。②顺应自然，引导气根入土支撑硕大古榕树冠。

保护效果：气根入土保护硕大古榕树冠，蔚为壮观。形成优美宁静的休闲娱乐健身生态环境，榕荫下形成优美的历史人文旅游景观资源（图4-26至图4-28）。

◀ 图4-26　西大门广场古榕，形成优美宁静的休闲娱乐健身生态环境

▲ 图4-27　为保护古榕，形成下沉式路面1.3m、宽16m保护绿地

▲ 图4-28　众多气根入土形成支撑柱，支撑硕大古榕树冠

案例 17　福州福飞路苔泉古榕保护

基本信息： 苔泉古榕，位于福州福飞路苔泉古井兴龙境边，编号闽A0009（鼓楼），一级保护，树龄传说千年，树高25m，冠幅1000m^2，胸围9m。苔泉古井是历史悠久古迹。

古树现状： 生长繁茂，蔚为壮观。

保护措施： ①修福飞路砌石花坛保护古榕。②顺应自然，引众多气根落地成支撑柱。

保护效果： 2种保护措施保护古榕不受台风暴雨危害。枝繁叶茂的树冠护佑苔泉古井，福佑当地百姓，展现榕树奋发向上顽强拼搏精神，榕荫下形成优美的历史人文旅游景观资源，游人参观络绎不绝（图4-29至图4-31）。

▲ 图4-29　福飞路苔泉古榕位于苔泉古井边

▲ 图4-30　枝繁叶茂树冠护佑苔泉古井，福佑当地百姓

▲ 图4-31　气根落地成支撑柱

案例18　福州杨桥路与白马路交叉路口榕树保护

基本信息：路口古榕，位于福州杨桥路与白马路交叉口（西门路口），二级保护，编号闽A00177（鼓楼），胸围5.6（2+4）m，编号闽A00178（鼓楼），胸围6.56（3+1+1）m，编号闽A00179（鼓楼），胸围16.5（5+1+2+2）m，各树高17m，冠幅500m²，有180年树龄。

古树现状：编号闽A00177（鼓楼）古榕，原4主枝，6年前被台风吹折2主枝，余2主枝，现生长繁茂，其余2株古榕引导气根落地生长，蔚为壮观。

保护措施：立2根PVC管引导气根入地，生长4年，气根涨破PVC管，长粗成支柱根。

保护效果：气根入地长久保护古榕，不受台风暴雨危害。展现榕树奋发向上顽强拼搏的精神，形成优美历史人文旅游景观（图4-32至图4-35）。

▲ 图4-32　西门路口闽A00177（鼓楼）古榕

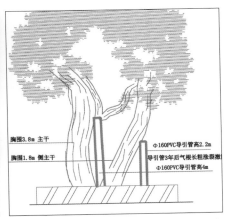

胸围3.8m 主干
胸围1.8m 侧主干
Φ160PVC导引管高2.2m
导引管3年后气根长粗涨裂撒
Φ160PVC导引管高4m

▲ 图4-33　西门路口闽A00177（鼓楼）古榕，立2根导引管引导气根向下生长示意

▲ 图4-34　西门路口闽A00179（鼓楼）古榕

▲ 图4-35　西门路口，闽A00178和闽A00179，二级保护古榕

案例19 福州马尾罗星塔公园塔榕保护

基本信息：中国塔榕，位于福州马尾罗星塔公园罗星塔南侧，编号闽A00001（马尾），树高18m，胸围7.54m，冠幅直径22m。一级保护古榕，是福州十大古榕之一。

古树现状：塔榕是马尾中法海战的见证者，生长繁茂，是马尾船政文化的经历者。

保护措施：①顺应自然，引导塔榕无数气根向下入土生长支柱根，保护高达18m的古榕。②立PVC管引导气根入地，支撑塔榕。

保护效果：2种措施保护中国塔榕，长在悬崖峭壁上，常年遭台风与海风袭击，俯瞰马尾海面，傲然挺立，蔚为壮观，可从上、中、下层道路地面，观赏顽强拼搏生长古榕景观，形成历史人文旅游景观资源（图4-36至图4-38）。

▲ 图4-36 福州马尾罗星塔公园塔榕景观

▲ 图4-37 马尾罗星塔公园塔榕中层近景

▲ 图4-38 马尾罗星塔公园塔榕上层树冠近景

案例20 福州鼓楼遗址公园美髯榕保护

基本信息：美髯榕，位于福州鼓楼遗址公园西侧，二级保护古榕，编号闽A00044（鼓楼），树高25m，胸围10.2m，冠幅直径20m。

古树现状：气根美髯非常壮观，生长繁茂。

保护措施：①顺应自然，引导无数气根向下生长形成支柱根。②立PVC管引导气根入地，支撑美髯榕。

保护效果：气根支柱保护高达25m的古榕树冠，榕荫下是造福百姓的休闲娱乐健身广场，古榕北侧是仿制宋代的"铜壶滴漏"展品，形成历史人文旅游景观资源（图4-39）。

▶ 图4-39 美髯榕，生长繁茂，蔚为壮观

案例21　福州岳峰世茂茉莉花园古榕保护

基本信息： 古榕在福州岳峰竹屿安亭路世茂左岸茉莉花园住宅区北侧，二级保护古树，编号闽A00336（晋安）古榕，胸围6.5m；编号闽A00337（晋安），胸围5m；树高18m，冠幅直径28m。

古榕现状： 生长繁茂，气根众多，蔚为壮观。

保护措施： ①立竹筒引导气根向下生长形成支柱根。②按国家规范扩建保护绿地。③立仿树桩钢管支撑柱保护古榕。

保护效果： 3种措施保护高达18m的古榕树，气根林形成优美历史人文旅游景观，形成造福百姓的休闲娱乐健身广场（图4-40至图4-45）。

▲ 图4-40　世茂左岸茉莉花园闽A00336（晋安）古榕

▲ 图4-41　世茂左岸茉莉花园编号闽A00337（晋安）古榕

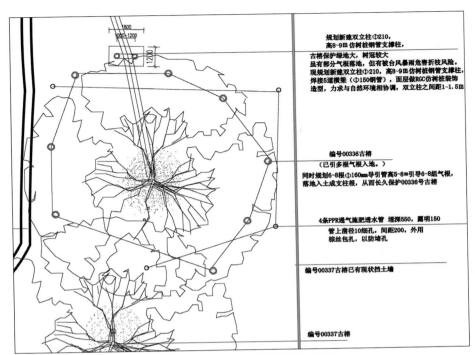

规划新建双立柱Φ210,
高8~9m仿树桩钢管支撑柱,

古榕保护绿地大,树冠较大,
虽有部分气根落地,但有被台风暴雨危害折枝风险。
现规划新建双立柱Φ210,高8~9m仿树桩钢管支撑柱,
焊接5道横梁(Φ150钢管),面层做RGC仿树桩装饰
造型,力求与自然环境相协调,双立柱之间距1~1.5m

编号00336古榕
(已引多根气根入地。)
同时规划6~8根Φ160mm导引管高5~8m引导6~8组气根,
落地入土成支柱根,从而长久保护00336号古榕

4条PPR通气施肥透水管 埋深550,露明150
管上凿径10细孔,间距200,外用
棕丝包扎,以防堵孔

编号00337古榕已有现状挡土墙

编号00337古榕

▲ 图4-42 A00336古榕保护平面图

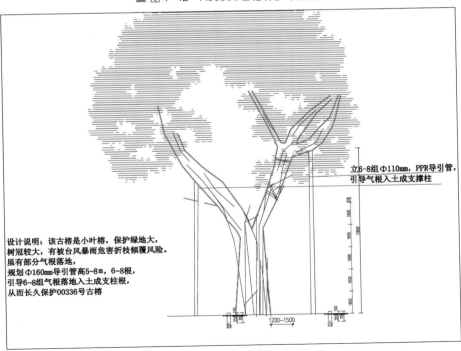

立6~8组Φ110mm,PPR导引管,
引导气根入土成支撑柱

设计说明:该古榕是小叶榕,保护绿地大,
树冠较大,有被台风暴雨危害折枝倾覆风险。
虽有部分气根落地,
规划Φ160mm导引管高5~8m,6~8根,
引导6~8组气根落地入土成支柱根,
从而长久保护00336号古榕

1200~1500

▲ 图4-43 A00336古榕保护立面图

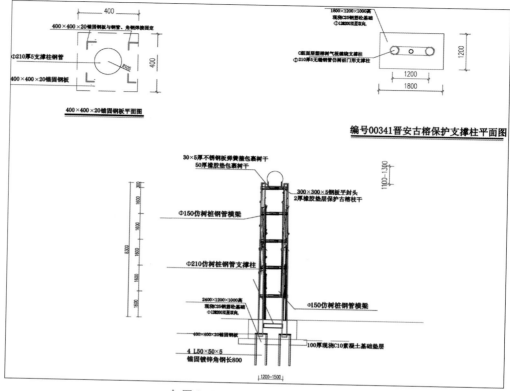

▲ 图4-44　A00336古榕保护剖面

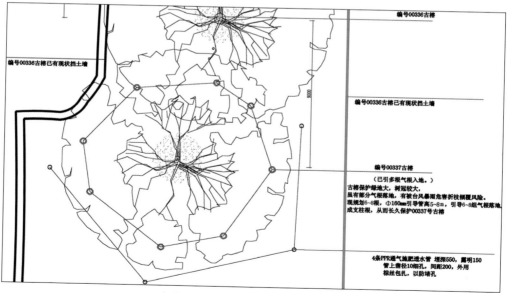

▲ 图4-45　A00337古榕保护平面图

案例22　福州南门隆普营居士林骑墙古榕保护

基本信息： 居士林骑墙榕，位于福州南门隆普营居士林西向围墙上，是福州最大骑墙榕，萌生五大主枝寄生在原有主干上，形成六大主枝集束冲天，树冠幅近900m²，高23m，主枝胸围3.1m，传说树龄300年。

古树现状： 生长繁茂，相互寄生，盘根错节，无数茂密气根落地支撑硕大榕树树冠。

保护措施： 顺应自然，引导气根骑墙生长，气根攀附宽达9m墙面，蔚为壮观。

保护效果： 骑墙古榕向世人展现榕树顽强拼搏奋勇向上精神，展示榕树强大的生命力，清代福州著名学者郭柏苍曾在此读书，现形成历史人文旅游景观（图4-46至图4-49）。

▲ 图4-46　福州南门隆普营居士林骑墙榕寄生树冠幅近900m²，高23m

▲ 图4-47　无数茂密气根落地支撑硕大榕树树冠

▲ 图4-48　六大主枝并生集束冲天

▲ 图4-49　福州南门隆普营居士林骑墙面宽9m，向世人展现榕树顽强拼搏奋勇向上的精神

第二节　各地引导古榕引导气根生长保护

案例1　福州林浦泰山宫辕门古榕保护

　　基本信息：东西辕门古榕，位于福州林浦历史文化街区城门林浦濂江村台山前泰山宫门口，福州十大古榕之一。林浦泰山宫西辕门古榕闽A00130（仓山），树龄有450年，树高16m，冠幅500m²，胸围4.61m；林浦泰山宫东辕门古榕闽A00131（仓山），树高16m，胸围5.4m，二级保护古榕，俯瞰林浦廉江，历史文化底蕴深厚。

　　古树现状：气根长成榕树门奇观，枝繁叶茂。

　　保护措施：①立竹管引导气根落地成支撑柱。②顺应自然引导气根入地，支撑古榕。

　　保护效果：气根柱保护古榕，不受台风暴雨危害，护佑泰山宫，福佑百姓，展现榕树奋发向上顽强拼搏精神，形成优美的历史人文旅游景观（图4-50至图4-53）。

▲ 图4-50　福州林浦泰山宫西辕门古榕（闽A00130仓山），俯瞰林浦廉江，历史文化底蕴深厚，榕荫下形成优美的历史人文旅游景观资源

▲ 图4-51　福州林浦泰山宫西辕门古榕气根落地成支撑柱，成榕树门奇观

▲ 图4-52　福州林浦泰山宫东辕门古榕闽A00131（仓山），树高16m，冠幅500m²，胸围5.4m，榕荫下形成优美的历史人文旅游景观资源

▲ 图4-53　福州林浦泰山宫东辕门古榕气根落地成支撑柱，保护古榕不受台风暴雨危害。枝繁叶茂的古榕护佑泰山宫，福佑吉祥当地百姓

案例2　福州林浦断桥古榕保护

基本信息： 林浦断桥古雅榕1，位于福濂村林浦垱2号林浦境断桥中段，一级保护，编号闽A00023（仓山），树高18m，胸围6.95+（2.64+2.0+2.8+1.64）m，冠幅600m^2，林浦断桥为宋代市级保护文物，树龄有500年。林浦断桥古榕2，位于林浦垱2号断桥东边，二级保护，编号闽A00134（仓山），树高16m，胸围4.9m，冠幅500m^2。历史文化底蕴深厚。

古树现状： 众多气根落地成支撑柱，枝繁叶茂，成榕树门奇观。

保护措施： ①立竹管引导气根落地成支撑柱。②顺应自然引导气根入地，支撑古榕。

保护效果： 气根保护古榕，不受台风暴雨危害。枝繁叶茂的古树护佑宋代断桥，福佑当地百姓，展现榕树奋发向上顽强拼搏精神，榕荫下形成优美的历史人文旅游景观，游人参观络绎不绝（图4-54至图4-56）。

▲ 图4-54　林浦断桥编号闽A00023（仓山）古榕，福濂村林浦垱2号林浦境断桥中段，一级保护，树龄500年，树高18m，冠幅600m^2，枝繁叶茂

▲ 图4-55　福州林浦断桥古榕2，气根落地成支撑柱，保护古榕不受台风暴雨危害

▲ 图4-56　林浦断桥古榕2，枝繁叶茂

案例3 漳州漳华路觉皇寺古榕保护

基本信息：觉皇寺古榕，位于漳州漳华路觉皇寺内，树龄400年，冠幅直径20m，高18m，历史文化底蕴深厚。

古树现状：气根形成支撑柱，支撑硕大古榕树冠，长成榕树门奇观。

保护措施：①立竹管引导气根落地成支撑柱。②顺应自然引导气根入地，支撑古榕。

保护效果：气根保护古榕，不受台风暴雨危害，形成优美宁静的休闲健身生态环境，榕荫下形成优美的历史人文旅游景观资源（图4-57）。

◀ 图4-57　漳州漳华路觉皇寺古榕，引下众多气根，形成支撑柱花坛，支撑硕大古榕树冠，造成榕树门奇观，形成优美宁静的休闲健身生态环境

案例4 福清磨石村壶山寺屋形榕保护

基本信息： 屋形榕，位于福清磨石村壶山寺边，二级保护古榕，树龄230年，树高16m，冠幅500m²，胸围4.2m。历史文化底蕴深厚。

古树现状： 气根形成支撑柱，长成榕树屋形门奇观。

保护措施： ①百姓在亭屋顶上培土，引导气根长在亭屋顶上。②引导气根落地成支撑柱，形成屋形榕，保护古榕不受台风暴雨危害。

保护效果： 气根保护古榕，枝繁叶茂的古榕福佑当地百姓，展现榕树奋发向上顽强拼搏精神，榕荫下形成休闲娱乐健身场所及优美的历史人文旅游景观资源，游人参观络绎不绝（图4-58、图4-59）。

▶ 图4-58　福清磨石村壶山寺屋形榕，二级保护古榕，树龄有230年，树高16m，冠幅500m²，胸围4.2m，枝繁叶茂

▶ 图4-59　福清磨石村壶山寺屋形榕，当地百姓在亭屋顶上培土，引导气根长在亭屋顶上，又引导气根落地成支撑柱，形成榕树屋形门奇观，保护古榕不受台风暴雨危害

案例5 霞浦县桥头公园古雅榕保护

基本信息： 桥头古雅榕，位于霞浦县桥头公园，高18m，冠幅600m²，地围6m，树龄400年，为霞浦历史悠久古榕树，当地村民立碑保护，霞浦县有耐寒性强古雅榕生长。

古树现状： 受海洋性气候影响，虽遭台风危害，仍枝繁叶茂。

保护措施： 政府开辟空间开阔广场，引导气根缠抱主干生长。

保护效果： 枝繁叶茂的古雅榕，傲然挺立，福佑当地百姓，形成优美的村民休闲健身生态环境，成为历史人文旅游景观资源，展现榕树奋发向上顽强拼搏精神（图4-60至图4-62）。

▲ 图4-60 霞浦桥头古雅榕树，村民立碑保护。气根缠抱主干生长，枝繁叶茂的古雅榕福佑当地百姓

▲ 图4-61 霞浦桥头古雅榕树，高18m，六大主枝蓬勃向上生长

◀ 图4-62 桥头古雅榕树，冠幅600m²，地围6m，树龄400年，为霞浦历史悠久古榕树。虽遭台风危害，仍傲然挺立。当地政府在河边开辟空间开阔的广场，形成休闲健身生态环境，成为历史人文旅游景观资源

案例6　长乐猴屿洞天岩同根并茂古榕保护

基本信息：同根并茂古榕，位于长乐猴屿洞天岩风景区屏山寺前半山巨岩上，一岩二树，小叶榕和笔管榕共同长在高10m巨岩上，树高12m，冠幅200m²，地围3m，树龄200年，为长乐历史悠久古榕树，著名书法家沈觐寿书写"一岩两树，同根并茂"题刻巨岩上，成为长乐著名景点。

古树现状：虽遭台风危害，同根并茂两榕树长在巨岩上，枝繁叶茂。

保护措施：政府开辟风景区，改善环境保护同根并茂古榕，一岩二古榕树蓬勃生长。

保护效果：枝繁叶茂的一岩二榕树，傲然挺立，福佑当地百姓，形成优美的自然生态环境，成为历史人文旅游景观资源，游人众多，展现榕树奋发向上顽强拼搏精神（图4-63至图4-65）。

▲ 图4-63　著名书法家沈觐寿书写"一岩两树，同根并茂"题刻在高10m巨岩上

▲ 图4-64　同根并茂榕树茂密气根抱岩生长

▲ 图4-65　同根并茂两榕树可通过凝云桥，近前观赏两种树叶景观，成为长乐著名景点

案例7　云南芒市榕抱佛塔保护

基本信息： 榕抱佛塔，即是佛坛专用树——菩提树。位于云南省德宏傣族景颇自治州芒市镇友路步行街。清乾隆五十三年（1778年）建塔。在佛塔上长有树龄240年的菩提树，树高30m，冠幅1000m²。

古树现状： 佛塔顶着佛树，佛树抱着佛塔，形成优美宁静的休闲健身生态环境。

保护措施： 政府开辟空间开阔广场，无数气根缠抱佛塔入地，保护榕抱佛塔。

保护效果： 枝繁叶茂的菩提树景观，福佑当地百姓，开辟我国唯一以树包塔为主景著名旅游景区，成为优美的历史人文旅游景观资源。游人参观络绎不绝，被评为中国最美榕树，展现榕树奋发向上顽强拼搏精神（图4-66至图4-68）。

▶ 图4-66　云南省德宏傣族景颇族自治州芒市镇友路榕抱佛塔景观，当地政府开辟空间开阔广场，成为优美的历史人文旅游景观资源，被评为中国最美榕树

▲ 图4-67　佛塔顶着佛树，佛树抱着佛塔，无数气根缠抱佛塔入地，枝繁叶茂，枝繁叶茂的菩提树景观福佑当地百姓

▲ 图4-68　我国唯一以树包塔为主景的著名旅游景区，游人参观络绎不绝

案例8 广东新会天马河小鸟天堂独树成林榕树保护

基本信息： 榕树独树成林，位于广东江门新会天马河小鸟天堂公园，由于文学家巴金《小鸟天堂》散文而闻名于世，树龄有500年，树高10～16m，冠幅16亩，成为小鸟天堂。

古树现状： 无数气根入地，长满天马河中小岛，形成榕树独树成林公园。

保护措施： ①政府开辟天马河公园，保护古榕林。②顺应自然，引导气根入地。

保护效果： 2种措施，使独树成林的榕树景观，成为宁静优美的历史人文旅游景观资源，福佑当地百姓，被评为中国最美榕树，展现榕树奋发向上顽强拼搏精神。此处开辟为我国以榕树为主景著名旅游景区，游人参观络绎不绝（图4-69、图4-70）。

◀ 图4-69 广东江门新会天马河中小鸟天堂榕树独树成林，大气壮观，长满天马河中小岛，成为我国以榕树为主景的著名旅游景区

◀ 图4-70 广东天马河榕树独树成林，无数气根入地，成为小鸟天堂

案例9 厦门翔安新店下后滨村古榕保护

基本信息：下后滨村古榕，位于厦门翔安新店镇，一级保护古树，高22m，冠幅1200m²，地围13m，无数气根柱地，树龄850~900年，为厦门树龄最长的古榕树。

古树现状：无数气根入地，形成榕树门奇观；虽遭台风危害，仍傲然挺立。

保护措施：①政府扩建保护绿地花坛，保护古榕。②顺应自然，立竹管引导气根入地。

保护效果：当地政府开辟空间开阔的广场，形成优美宁静的村民休闲健身生态环境。开辟成为优美的历史人文旅游景观资源，枝繁叶茂的古榕景观福佑当地百姓，被评为厦门最美榕树，展现榕树奋发向上顽强拼搏精神（图4-71、图4-72）。

◀ 图4-71 厦门翔安新店下后滨村古榕，为厦门树龄最长古榕树。虽遭台风危害，仍傲然挺立

◀ 图4-72 厦门翔安新店下后滨村古榕，无数气根柱地

第三节 树体加固支撑保护

引导气根向下生长成支柱根，需经过3~5年生长，气生支柱根变粗大，才能起到保护古榕（古树名木）作用；而这期间为了保护古榕（古树名木）树冠完整，避免主干枝被台风暴雨损伤，常用硬支撑法来加固保护古树。古榕（古树名木）存在生长衰弱、树体倾斜度大、大枝超长，有倒伏的倾向时，树腐洞明显、树干严重中空的情况，或位于易遭风折或崩塌的河岸或高坡风口等位置，应进行加固支撑。在现场调查勘测了解古榕（古树名木）的形态和现场环境后，根据树体主干和主枝倾斜程度、隐蔽树腐洞情况，制定需要做树枝硬支撑保护加固方案。加固树体支撑时，不得在修建加固基础时损伤根系。

树体加固支撑，选用硬支撑、软支撑、活体支撑、铁箍加固和螺纹杆等形式。

1.主干或主枝倾斜度小，可采取软支撑；选择以钢丝绳张拉的加固设施。

2.在条件许可的情况下采用相同树种进行活体支撑（嫁接支撑，详见第五章第一节）。

3.出现主干或主枝破损、劈裂或有断裂情况时，可采用铁箍或螺纹杆加固。

4.硬支撑形式。①古榕（古树名木）若树体较小低矮倾斜，可选择置石或仿真树等形式支撑加固，如福州甲天下古榕碑石支撑、福州西禅寺宋荔假山石支撑。②若树体高大倾斜，早期采用现场浇筑钢筋混凝土柱支撑。③近期采用面层仿树桩钢管支撑柱。④采用仿生钢筋混凝土树桩柱形式进行支撑，如龙墙榕现场浇筑钢筋混凝土框架柱进行支撑。

5.确认支撑受力点。依据古榕（古树名木）的形态、倾斜方向等，通过力学原理确定出加固受力点所在位置，确定出加固支撑点或拉攀点所在位置。一般位于主树枝外伸节点，应安装涂有防腐漆的矩形曲面钢托板于支柱上端与被支撑主干或主枝之间。支柱顶端的托板与树体支撑点接触面要大，加固设施托板和树皮间加垫8~10mm厚有弹性的橡胶垫。

6.加固支撑材料。①早期采用水泥杆支撑树体。②考虑观赏因素，选用直径200~180mm的镀锌钢管作支撑柱，在钢管表面涂两层防腐漆，使颜色相协调于周围环境。③现浇C25钢筋砼支撑柱，可设计单柱，或双柱，或丛柱支撑，或四柱支撑架。加固支撑柱设计Φ300、Φ250、Φ200现浇C25钢筋砼支撑柱。双支撑柱高3~4m，设Φ150两道钢管横梁；高5~10m双柱支撑，设2~3根横向钢管（或钢筋砼）梁；高10~18m双柱支撑，设计Φ150 3~4根横向钢管（或钢筋砼）梁。如福州鼓山喝水岩古樟树钢筋砼四柱支撑。

7.宜选支撑点的垂直接地点或一定角度作支柱接地点。支撑柱下部基础建长1.2mx宽1.2mx深0.6m（单柱）、长2.4mx宽1.2mx深0.8m（双柱）现浇C25钢筋砼基础，钢筋砼基础应埋在地下1m老土深。如福州鼓山喝水岩古樟树钢筋砼二级基础平台支撑。

8.由于台风来袭方向不定，支撑柱垂直支撑能最大概率保护古榕（古树名木）的主干主枝。

（1）加固支撑柱面层可做RGC仿树桩面层，做与本株树皮自然协调面层景观。如榕树就做榕树皮仿树桩景观或气根缠绕；若是松树，就做松树皮仿树桩景观；若是樟树，做樟树皮仿树桩景观；若是其他树，就做其他树皮仿树桩景观；这样做出来树皮仿树桩景观，与自然环境景观协调。具体做法：①先沿钢管面层螺旋焊接Φ6钢筋。②在螺旋焊接Φ6钢筋的面上焊接5目钢丝网，做仿树桩面层初步造型。③在5目钢丝网面层绑扎纤维网，做仿树桩面层进一步造型。④分3次喷涂RGC面层材料，进一步深化RGC仿树桩面层造型，调理树皮颜色。⑤最后喷涂RGC防水耐候封固漆面层材料。

（2）加固支撑柱面层可做包裹棕皮面层；让气根在包裹棕皮面层钢管支撑柱生长，形成生态优美的景观效果。如福州西湖湖头街休闲健身公园就立面层包裹棕皮钢管支撑柱；以便导引气根在棕皮面层向下生长成支柱根，支撑庞大的树冠保护古榕不受风害。

（3）加固支撑柱面层套波纹管垫层；直接绑扎纤维网，做仿树桩面层造型；用钢管做承重结构柱，做波纹管垫层更省事。

9.应每年定期检查支撑设施，遇树木生长造成托板挤压树皮情况时，应调节托板。

案例1 福州仓山高宅甲天下古雅榕树保护

基本信息：甲天下古雅榕（*Ficus concinna* Miq.），位于福州仓山区建新镇高宅村香积寺新新亭南侧，古雅榕传说栽于唐朝，历史文化渊源深厚，树龄近千年，福州十大古榕之一，一级保护古树，编号闽A00002（仓山），主干胸围9.55（3.16+6.8）m，冠幅950m²，树高20m。

古树现状：古榕长势良好，枝繁叶茂，树枝越来越长，树冠越来越大。

保护措施：①主树干分枝点采用石碑柱支撑硕大树冠。②环境提升改造，扩建保护绿地，光照水分充足，生长繁茂。③立七八根仿树桩支撑柱支撑远端主干树枝。

保护效果：3种措施长久地保护甲天下古雅榕，主枝如蟠龙起舞伸向水岸，成为榕城地方标志性景观，历史悠久的古树成为优美的历史人文旅游景观资源，参观人流络绎不绝（图4-73至图4-75）。

▲ 图4-73　仓山高宅村甲天下古雅榕，生长繁茂，树高20m，胸围9.55m，冠幅950m²，是榕城十大古榕标志性景观

▲ 图4-74　甲天下古榕用石碑柱支撑硕大树冠

▲ 图4-75　立8根惟妙惟肖的仿树桩支撑柱支撑各大主枝，保护硕大树冠

案例2　福州西湖湖头街古榕树保护

基本信息： 5株湖头街古榕，位于福州西湖湖头街白马河岸休闲健身串珠小公园。

古树现状： 古榕树长势良好，枝繁叶茂。2020年夏台风暴雨吹倒一株，折断数株树干。

保护措施： ①为支撑古榕安全施工，先支撑杉木柱保护古榕，在古榕迎风面主枝下立了两根Φ200面层包裹棕皮钢管支撑柱。②周围主枝下立Φ110PVC塑料导引管，导引气根入土成支柱根，支撑庞大的树冠。塑料导引管面层刷棕褐色清漆2道，与环境景观协调。③导引气根入土，支撑保护古榕。

保护效果： 3种措施长久地保护古榕不受风雨危害，形成生态优美的景观效果，是良好的休闲娱乐健身环境（图4-76至图4-85）。

▶ 图4-76　湖头街公园古榕1主枝下立一组两根Φ200面层包裹棕皮钢管支撑柱，主枝下立九根Φ110PVC导引管，导引根气根入土成支柱根，支撑庞大树冠保护古榕

▲ 图4-77　湖头街小公园古榕3迎风面主枝立一组两根Φ200面层包裹棕皮钢管支撑柱，支撑庞大的树冠。气根在包裹棕皮柱面层生长，形成生态优美景观效果

▲ 图4-78　湖头街小公园古榕2主枝下立一组两根Φ200钢管支撑柱，立数根Φ110PVC塑料导引管，支撑保护古榕

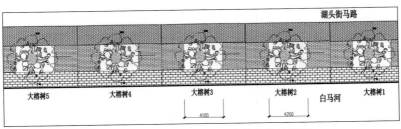

▲ 图4-79 湖头街小公园古榕保护总平面

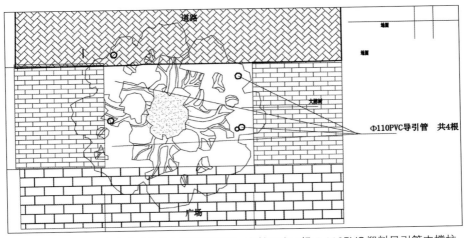

▲ 图4-80 湖头街小公园古榕3保护平面图 主枝下立4根Φ110PVC塑料导引管支撑柱

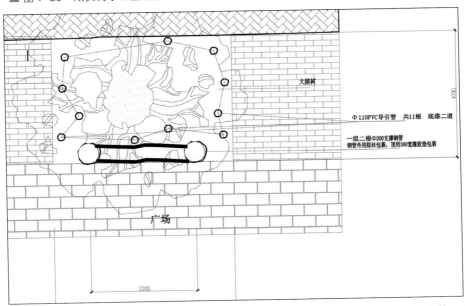

▲ 图4-81 湖头街小公园古榕2保护平面图，主枝下立一组两根Φ200的钢管支撑柱，主枝下立11根Φ110PVC塑料导引管

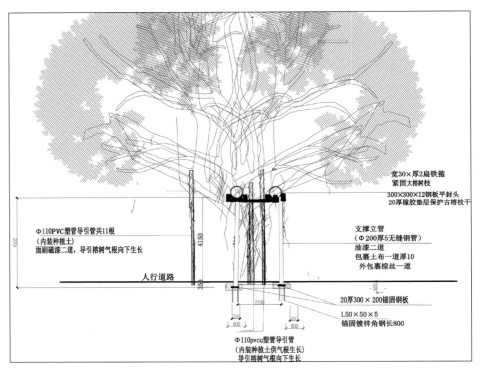

宽30×厚2扁铁箍
紧固大榕树枝
300×300×12钢板平封头
20厚橡胶垫层保护古榕枝干

支撑立管
(Φ200厚5无缝钢管)
油漆二道
包裹土布一道厚10
外包裹棕丝一道

Φ110PVC塑管导引管共11根
(内装种植土)
面刷磁漆二道，导引榕树气根向下生长

人行道路

20厚300×200锚固钢板

L50×50×5
锚固镀锌角钢长800

Φ110pvcu塑管导引管
(内装种植土供气根生长)
导引榕树气根向下生长

▲ 图4-82　湖头街小公园古榕2保护总立面图。主枝下立了两根Φ200的钢管支撑柱主枝下立11根Φ110PVC塑料管导引，共同支撑繁茂的树冠

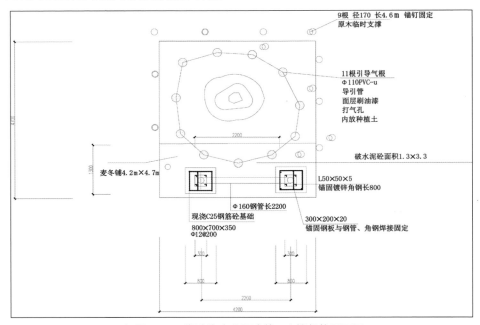

9根 径170 长4.6m 锚钉固定
原木临时支撑

11根引导气根
Φ110PVC-u
导引管
面层刷油漆
打气孔
内放种植土

破水泥砼面积1.3×3.3

麦冬铺4.2m×4.7m

L50×50×5
锚固镀锌角钢长800

Φ160钢管长2200

300×200×20
锚固钢板与钢管、角钢焊接固定

现浇C25钢筋砼基础
800×700×350
Φ12@200

▲ 图4-83　湖头街小公园古榕2支撑保护平面图

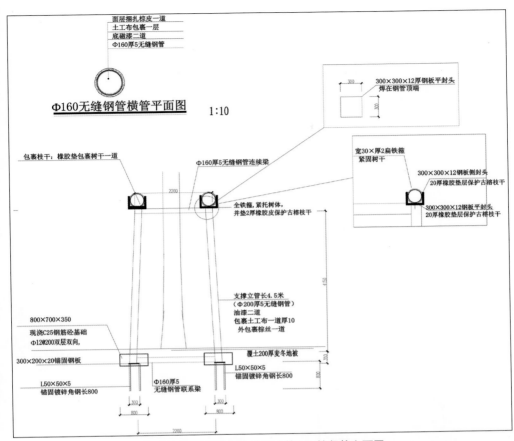

面层捆扎棕皮一道
土工布包裹一层
底磁漆二道
Φ160厚5无缝钢管

Φ160无缝钢管横管平面图 1:10

300×300×12厚钢板平封头
焊在钢管顶端

包裹枝干:橡胶垫包裹树干一道

Φ160厚5无缝钢管连续梁

宽30×厚2扁铁箍
紧固树干

300×300×12钢板侧封头
20厚橡胶垫层保护古榕枝干

全铁箍,紧托树体,
并垫2厚橡胶皮保护古榕枝干

300×300×12钢板平封头
20厚橡胶垫层保护古榕枝干

支撑立管长4.5米
(Φ200厚5无缝钢管)
油漆二道
包裹土工布一道厚10
外包裹棕丝一道

800×700×350

现浇C25钢筋砼基础
Φ12@200双层双向,

300×200×20锚固钢板

覆土200厚麦冬地被

L50×50×5
锚固镀锌角钢长800

L50×50×5
锚固镀锌角钢长800

Φ160厚5
无缝钢管联系梁

▲ 图4-84 湖头街小公园古榕2支撑保护立面图

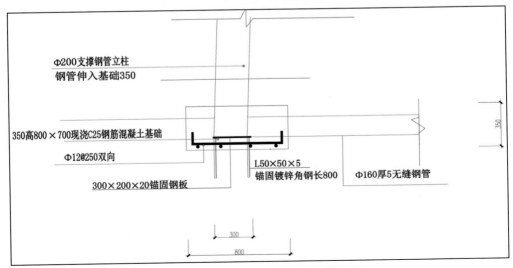

Φ200支撑钢管立柱
钢管伸入基础350

350高800×700现浇C25钢筋混凝土基础

Φ12@250双向

300×200×20锚固钢板

L50×50×5
锚固镀锌角钢长800

Φ160厚5无缝钢管

▲ 图4-85 古榕2支撑柱保护基础剖面图

案例3　福州双抛桥古榕树保护

基本信息： 双抛桥连理古榕树，位于福州城市主干道杨桥东路双抛桥西侧，树龄数百年，合抱连理，饱含悲情哀怨的民间爱情故事。福州十大古榕、十大名榕之一，二级保护古树，编号闽A00049（鼓楼），高20m，冠幅直径25m，胸围6.71m；编号闽A00048（鼓楼），高18m，冠幅直径12m，胸围3.7m。

古树现状： 古榕长势良好，枝繁叶茂，造型优美，四季常青。

保护措施： ①在主枝下立两根Φ200仿树桩钢筋砼支撑柱保护双抛桥古榕，5厚GRC仿树桩面层。②导引气根入地保护古榕，气根逐步包裹支撑柱，形成自然协调景观。

保护效果： 2种措施，保护古榕不受台风暴雨危害，生长良好，形成优美历史人文旅游景观资源，参观游人众多（图4-86至图4-88）。

▲ 图4-86　双抛桥连理古榕造型优美、四季常青

▲ 图4-87　主枝下立两根Φ200仿树桩钢筋砼支撑柱，5厚GRC仿树桩面层形成自然协调景观

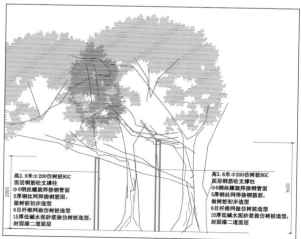

高2.8米Φ200仿树桩RGC
面层钢筋砼支撑柱
Φ6钢丝螺旋焊接钢管面
5厚钢丝网焊接钢筋面
做树桩初步造型
6目纤维网做仿树桩造型
15厚低碱水泥砂浆做仿树桩造型
封固漆二道面层

高3.6米Φ200仿树桩RGC
面层钢筋砼支撑柱
Φ6钢丝螺旋焊接钢管面
5厚钢丝网焊接钢筋面
做树桩初步造型
6目纤维网做仿树桩造型
15厚低碱水泥砂浆做仿树桩造型
封固漆二道面层

◀ 图4-88　古榕主枝仿树桩钢筋砼支撑柱立面图

案例4　福州西湖公园紫薇厅古榕保护

基本信息： 紫薇厅古榕，位于福州西湖公园紫薇厅西边，二级保护，2020年6月受台风暴雨危害，损折一枝主干，产生偏冠，树高15m，冠幅直径15m。

古树现状： 古榕长势良好，枝繁叶茂，主树干有腐洞。

保护措施： ①立两根Φ200钢管支撑柱，面漆渚色防锈漆。②引导气根下地，生长气根支撑柱。③立杉木柱支撑。

保护效果： 3种措施长久保护古榕，形成优美历史人文旅游景观资源，参观游人众多（图4-89至图4-94）。

▲ 图4-89　西湖公园紫薇厅西边榕树保护全景图，受风害损折一主枝，产生偏冠

▲ 图4-90　福州西湖公园紫薇厅西边榕树，立两根Φ200仿树桩钢管支撑柱面层漆渚色防锈漆保护

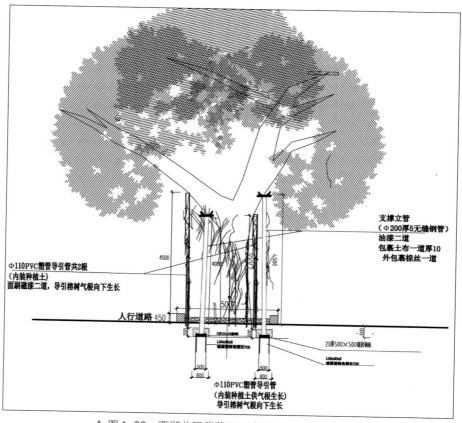

西湖公园紫薇厅边榕树支撑钢管保护加导引管
椭圆花坛扩大为长轴6m，短轴5m

道路

扩大为长轴6m，短轴5m的椭圆花坛

Φ110PVC导引管 共2根

广场

▲ 图4-91 西湖公园紫薇厅西边榕树保护设计平面图

支撑立管
（Φ200厚5无缝钢管）
油漆二道
包裹土布一道厚10
外包裹棕丝一道

Φ110PVC塑管导引管共2根
（内装植土）
面刷磁漆二道，导引榕树气根向下生长

人行道路 450

20厚500×500钢筋

Φ110PVC塑管导引管
（内装种植土供气根生长）
导引榕树气根向下生长

▲ 图4-92 西湖公园紫薇厅西边榕树保护设计立面图

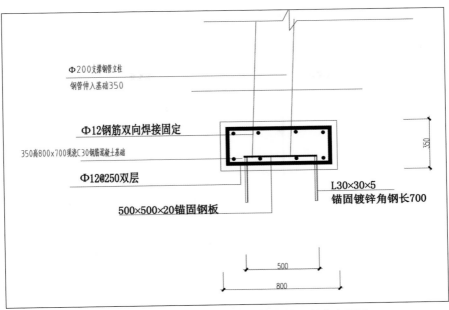

▲ 图4-93 西湖公园紫薇厅西边榕树保护支撑柱立面图

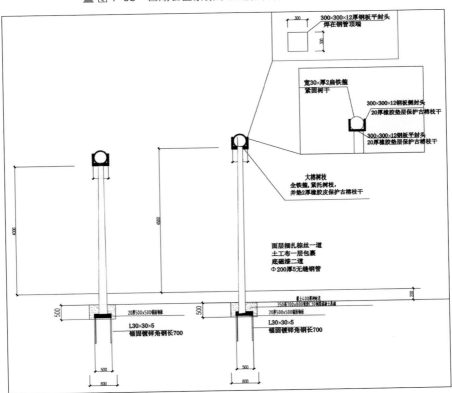

▲ 图4-94 紫薇厅西边榕树保护支撑基础剖面大样图

案例5 福州裴仙宫榕城第一古榕树保护

基本情况： 裴仙宫榕城第一古榕，福州俗称"白榕"，位于福州市鼓楼区肃威路裴仙宫后院，一级保护古树，编号闽A00007（鼓楼），胸径4.59m，树干胸围14.6m，高30m，冠幅直径30m，冠幅1056m²，是福州市区胸围最大古榕树。

古树现状与人文渊源： 其树冠庞大雄伟，浓荫蔽地，四季常青，主干古朴苍老，福州市省府路1号大院在明、清时期为督署衙门，1935—1969年，为省政府所在地。榕城第一古榕树，历史悠久，相传为宋代古树，树龄越千年，为福州香火最盛道观——裴仙宫认养，为宋代福州古园林"乐圃"的旧址。悠久岁月增加裴仙宫榕城第一古榕树神奇历史渊源。相传宋朝裴仙宫裴真人坐化树下，因其为督署师爷，德政爱民福佑百姓，千百年来百姓年年祭奠；清初闽浙总督把民祭改为官祀；清朝乾隆年间郡守李拔看到督署衙门的大榕树，写出"榕荫堂"跋，以榕树自勉，希冀为官一任，能造福一方百姓。1923年，在肃威路开裴仙宫大门，方便百姓烧香祭奠。1934年，重修裴仙宫。抗日战争时裴仙宫榕城第一古榕茂密树冠曾拦截日本法西斯军队轰炸福州飞机炸弹，福佑庇护周围百姓。1996年本书作者出版《榕树与榕树盆景》专著，专门介绍榕城第一古榕，引来中央电视台记者采访，在央视4套在播放榕城第一古榕视频，使其扬名全国。1997年12月17日，洪伍祥老领导题词"榕城第一古榕"碑刻，在树下举行了"榕城古榕文化节"揭幕仪式；时任福建省长也曾到裴仙宫榕城第一古榕树调研指导古榕保护工作。

保护措施： ①裴仙宫榕城第一古榕，由于历史悠久，尊为神树，福佑社会百姓，历来受到历史上各届督署和省政府的关爱与支持。②20世纪90年代，由福州园林中心设计建造高12m、宽10m钢筋砼保护架支撑保护榕城第一古榕树。③划定树冠范围外5m保护绿地不得新建建筑。④喷洒药物防治有害生物。

保护效果： 多种措施，长久保护古榕。下垂的气根随风飘拂，极具仙风道骨，在榕城榕树中最富有特色，深受福州市民喜爱。2003年和2006年裴仙宫榕城第一古榕树，评为福州十大古榕、十大名榕榜首，悠久的古树人文渊源，展现古榕顽强拼搏奋勇向上的精神；成为优美的历史人文旅游景观资源，参观人流络绎不绝（图4-95至图4-101）。

◀ 图4-95　福州裴仙宫高30m千年古榕，建高12m钢筋砼保护支撑架，长久保护古榕不受台风暴雨危害

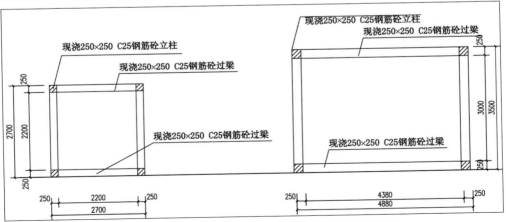

▲ 图4-96　福州裴仙宫千年古榕钢筋砼保护支撑架平面图

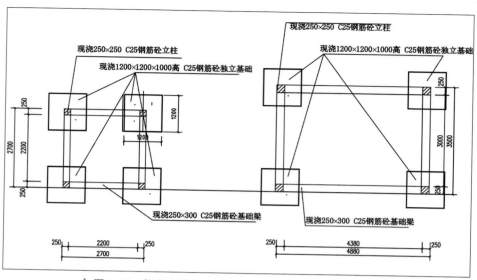

▲ 图4-97　福州裴仙宫千年古榕钢筋砼保护支撑架基础平面图

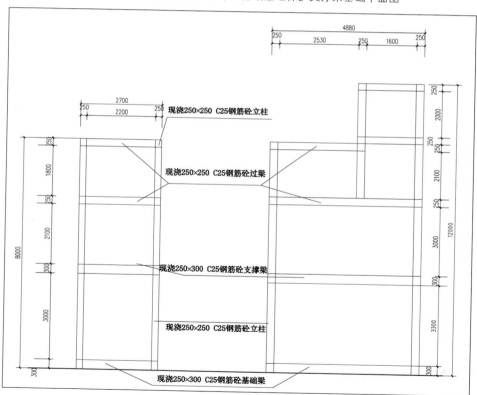

▲ 图4-98　福州裴仙宫千年古榕钢筋砼保护支撑架立面图

注：保护支撑立柱断面250×250，配8Φ18主筋，箍筋Φ10@200；支撑横梁，断面250×250，配6Φ18主筋，箍筋Φ10@200；基础梁250×300，配8Φ18主筋，箍筋Φ10@200

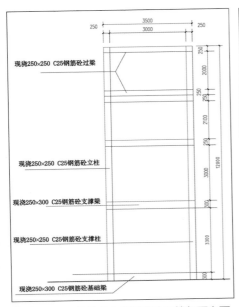

现浇250×250 C25钢筋砼过梁

现浇250×250 C25钢筋砼立柱

现浇250×300 C25钢筋砼支撑梁

现浇250×250 C25钢筋砼支撑柱

现浇250×300 C25钢筋砼基础梁

▲ 图4-99 裴仙宫古榕钢筋砼支撑架西立面

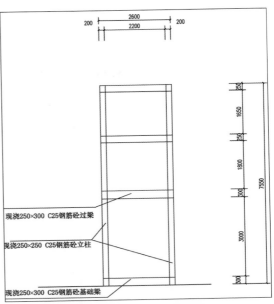

现浇250×300 C25钢筋砼过梁

现浇250×250 C25钢筋砼立柱

现浇250×300 C25钢筋砼基础梁

▲ 图4-100 裴仙宫古榕钢筋砼支撑架东立面

◀ 图4-101 福州裴仙宫千年古榕"榕城第一古榕"碑刻，树干引导气根落地景观

案例6　福州西禅寺伍佰罗汉堂边古榕树保护

　　基本情况：古榕树，位于福州市西禅寺伍佰罗汉堂西边，编号闽A00131（鼓楼），胸围（7.28+3.26）m，二级保护，树高25m，胸径2m，冠幅直径18m。

　　古树现状：树体被风吹倾斜，现古榕长势良好，树冠硕大，枝繁叶茂。

　　保护措施：①建高7m Φ 300单柱仿树桩钢筋砼支撑柱，面层表皮是5厚GRC仿树桩，支撑保护倾斜古榕大树冠，不受台风暴雨危害。②引导气根下地，生长气根支撑柱。

　　保护效果：2种措施，长久保护古榕，成为优美的历史人文旅游景观资源（图4-102至图4-104）。

▲ 图4-102　西禅寺伍佰罗汉堂边古榕树树冠大，树体倾斜

▲ 图4-103　立高7m单柱仿树桩钢筋砼支撑柱

◀ 图4-104　引导气根下地

案例7 福州琯前新村（打铁港河道水系）古榕树保护

基本情况：琯前新村古榕树，位于福州国货西路琯前新村打铁港河岸白仙师平安堂边，编号闽A00082（台江），胸围5.4（1.5+3）m，二级保护。

古树现状：古榕被台风吹折树枝，现古榕长势良好，枝繁叶茂。

保护措施：①原地已有150厚长廊现浇砼整体面层，所以钢管支撑柱不做水泥墩基础，直接在砼整体面层加铺600mm×600mm×10mm（单柱）、1800mm×1200mm×10mm厚（双柱）锚固钢板基础，建立4组、Φ200双柱或单柱仿树桩钢管支撑柱保护，面层涂防锈漆保护；支撑保护倾斜古榕大树冠。②水系环境整治提升改造，增大保护绿地。

保护效果：2种措施，长久保护古榕，不受台风暴雨危害，光照水分充足，生长繁茂，古榕成为优美的历史人文旅游景观资源。榕荫下是新村居民休闲娱乐健身祭奠活动场所（图4-105至图4-116）。

▲ 图4-105 福州琯前新村古榕树

▲ 图4-106 琯前新村古榕树原地已有150厚砼面层，钢管支撑柱直接在砼面层铺筑10厚锚固钢板基础

▲ 图4-107 古榕生长繁茂，榕荫下是新村居民休闲娱乐健身祭奠活动场所

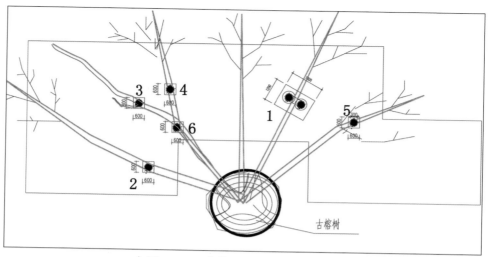

▲ 图4-108　琯前新村古榕树保护总平面图

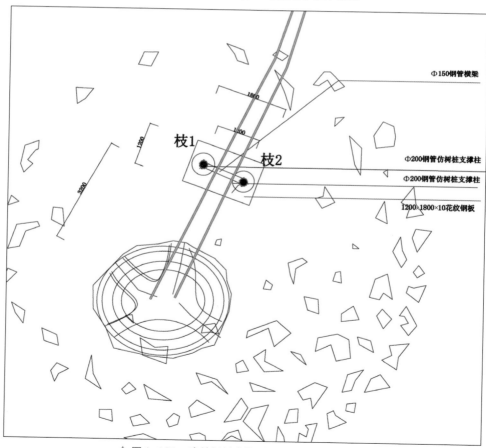

▲ 图4-109　琯前新村古榕树枝1保护设计平面图

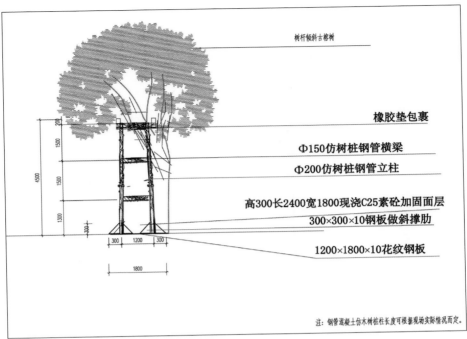

橡胶垫包裹

Φ150仿树桩钢管横梁

Φ200仿树桩钢管立柱

高300长2400宽1800现浇C25素砼加固面层
300×300×10钢板做斜撑肋

1200×1800×10花纹钢板

注：钢管混凝土仿木树桩桩柱长度可根据现场实际情况而定。

▲ 图4-110 琯前新村古榕树枝1保护设计正立面图

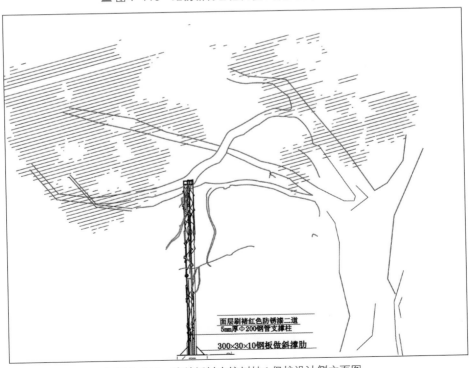

面层刷褚红色防锈漆二道
5mm厚Φ200钢管支撑柱

300×30×10钢板做斜撑肋

▲ 图4-111 琯前新村古榕树枝1保护设计侧立面图

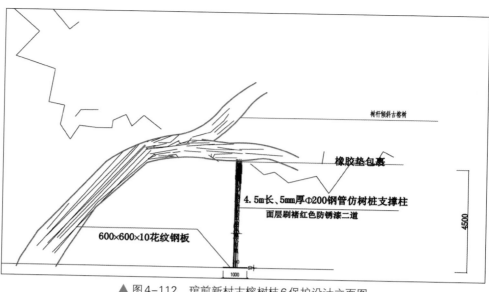

树杆倾斜古榕树

橡胶垫包裹

4.5m长、5mm厚Φ200钢管仿树桩支撑柱

面层刷褚红色防锈漆二道

600×600×10花纹钢板

4500

1000

▲ 图4-112　琯前新村古榕树枝6保护设计立面图

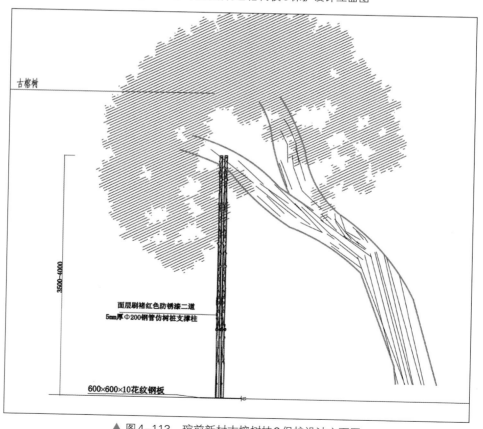

古榕树

3500~4000

面层刷褚红色防锈漆二道

5mm厚Φ200钢管仿树桩支撑柱

600×600×10花纹钢板

▲ 图4-113　琯前新村古榕树枝3保护设计立面图

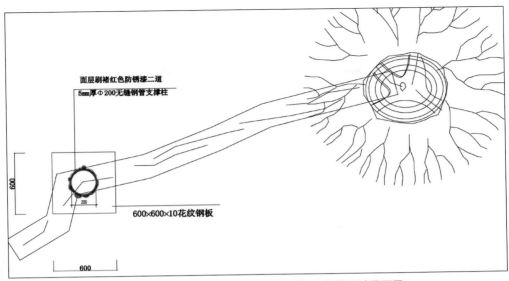

面层刷褚红色防锈漆二道
5mm厚Φ200无缝钢管支撑柱
600×600×10花纹钢板

600

200

600

▲ 图4-114 琯前新村古榕树枝3（枝6）保护设计平面图

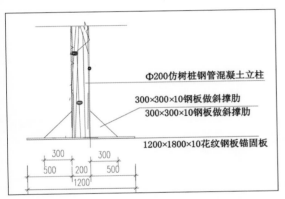

Φ200仿树桩钢管混凝土立柱
300×300×10钢板做斜撑肋
300×300×10钢板做斜撑肋
1200×1800×10花纹钢板锚固板

300 300
500 200 500
1200

◀图4-115 古榕树保护锚固钢板基础平面图

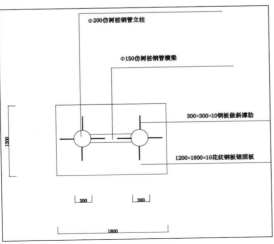

Φ200仿树桩钢管立柱
Φ150仿树桩钢管横梁
300×300×10钢板做斜撑肋
1200×1800×10花纹钢板锚固板

1200

300 300

1800

◀图4-116 古榕树保护锚固钢板基础剖面图

案例8　福州鼓楼劳动路河边古榕榕保护

基本情况：河边古榕，位于福州鼓楼劳动路18号河边（福州十一中门口对面），二级保护古榕，编号闽A00100（鼓楼），胸围5.05m，树高15m，冠幅直径13m。

古树现状：古榕被台风吹歪树干，古榕长势良好，枝繁叶茂。

保护措施：①架立Φ200双柱仿树桩钢管支撑柱跨人行道保护古树，二道钢管横梁，面层做5厚GRC仿榕桩纹理装饰，与自然环境协调。②引导气根下地生长支撑柱。

保护效果：立支撑柱保护古榕，不受台风暴雨损害，护佑当地百姓（图4-117、图4-118）。

▲ 图4-117　福州鼓楼劳动路河边古榕，跨人行道立Φ200双柱仿树桩钢管支撑柱立面景观

▲ 图4-118　福州鼓楼劳动路河边古榕，立Φ200双柱仿树桩钢管支撑柱保护侧面景观

案例9 福州台江亿力江滨小区古雅榕保护

基本情况： 古雅榕，位于福州台江排尾路亿力江滨C小区3#楼南侧，闽A00064（台江），二级保护，胸围3.47m，树高13m，冠幅直径12m。

古树现状： 被台风吹折一主枝，树体倾斜。现古榕长势良好，枝繁叶茂。

保护措施： 建仿树桩双柱钢管支撑架保护，面层做GRC仿榕树皮纹理装饰，与环境协调。

保护效果： 立支撑柱保护古榕，不受台风暴雨损害，护佑当地百姓，成为历史人文旅游景观资源（图4-119至图4-122）。

◀ 图4-119 古雅榕树体倾斜，建仿树桩钢管砼支撑架保护

▼ 图4-120 仿树桩钢管支撑柱，面层做GRC仿树桩纹理装饰，达到与自然环境协调

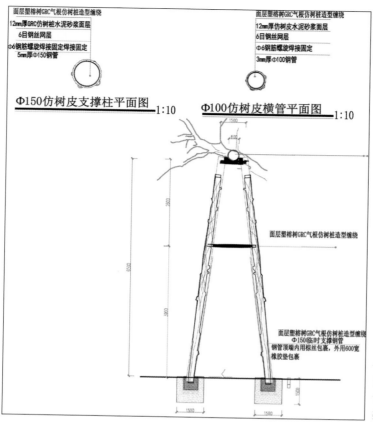

▶ 图4-121 台江亿力江滨小区闽A00064（台江）古雅榕仿树桩钢筋砼支撑架保护立面图

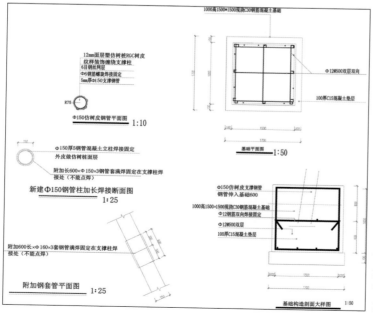

▶ 图4-122 台江亿力江滨小区闽A00064（台江）古雅榕仿树桩支撑架保护大样图

案例10 福州鼓山风景区下院牌坊边古雅榕树保护

基本情况：古雅榕树，位于鼓山风景区下院牌坊边，二级保护，编号闽A00186（晋安），胸围4.7m，高20m，冠幅直径21m，树体倾斜。

古树现状：古榕长势良好，枝繁叶茂。

保护措施：①环境提升改造，增大保护绿地，光照水分充足，生长繁茂。②早期用水泥砌方块石单柱支撑保护。③现树冠越来越大，立Φ300仿树桩钢筋砼双柱支撑保护。

保护效果：3种措施，保护古榕不受台风暴雨损害，护佑当地百姓，成为历史人文旅游景观资源，参观游人众多（图4-123至图4-125）。

▲ 图4-123 鼓山风景区下院二级保护倾斜雅榕树体

▲ 图4-124 鼓山风景区下院古雅榕树现用Φ300仿树桩钢筋砼双柱支撑保护

◀ 图4-125 鼓山风景区下院古雅榕树 早期用用水泥砌方块石柱支撑保护

案例11　福州长乐潭头汶上百榕街榕树主题公园古榕树保护

　　基本信息： 古榕树群，位于闽江河口湿地公园的汶上百榕街榕树主题公园，百年前植77株榕树防台风，面积37.5亩，树龄100~300年，胸围3~5.6m，高19m，冠幅700m²。

　　古树现状： 2km河岸植100株榕树，风韵浓郁，形成最美防风墙和榕荫生态走廊。

　　保护措施： ①引导气根自然入地形成支柱根。②立水泥柱支撑保护被风害古榕。

　　保护效果： 2种措施保护古榕，建设美丽乡村，密植榕树，兴建潭头汶上村百榕街榕树主题公园，成为休闲娱乐健身观光好环境与优美历史人文游览景观，参观游人络绎不绝（图4-126至图4-131）。

◀ 图4-126　密植百年古榕，形成最美防风墙

▲ 图4-127　村口300年古榕被风吹倒，靠气根支撑仍顽强生长，形成浓郁榕树风韵

▲ 图4-128　引导三处气根落地支撑，枝干历经沧桑伏地重起，奋发向上体现榕树文化精神

▲ 图 4-129　百榕街榕树风韵浓郁，形成榕荫生态走廊

▲ 图 4-130　百榕街榕树主题公园立水泥柱与气根落地支撑保护古榕

▲ 图 4-131　引气根落地成支撑柱，免遭台风暴雨危害

案例12　福州牛岗山公园安东侯祖殿古雅榕树保护

基本信息： 安东侯祖殿古雅榕树，位于福州牛岗山公园内安东侯祖殿门前，一级保护古树，编号闽A00007（晋安），胸围6.57m，高20m，冠幅800m²，树龄500多年。

古树现状： 古雅榕树干有腐洞，古朴苍老，生长繁茂。

保护措施： ①立4根高6～8m仿树桩钢筋砼支撑柱保护倾斜主枝，面层做RGC仿树桩榕树皮纹理造型，与自然环境协调美观。②环境提升改造，增大保护绿地。

保护效果： 2种措施，长久保护古雅榕，榕荫下是牛岗山公园绿地，可供百姓健身祭祀，成为优美历史人文游览景观（图4-132至图4-135）。

◀ 图4-132　安东侯祖殿门前古雅榕，一级保护古树，胸围6.57m，高20m，冠幅800m²

▲ 图4-133　高6m仿树桩钢筋砼支撑柱保护主枝

▲ 图4-134　古雅榕，树干有腐洞，古朴苍老

▲ 图4-135　立四根高6～8m仿树桩钢筋砼支撑柱保护倾斜主枝

案例13 福州西湖公园梦山悬崖榕保护

基本信息： 多株古榕，位于福州西湖公园梦山景区悬崖边，高10～15m，倾斜30°。

古树现状： 古榕长势良好，枝繁叶茂。

保护措施： ①环境提升改造，增大保护绿地。②用双柱高13m钢管支撑柱保护，面层做RGC仿树桩榕树皮纹理造型。③导引气根攀岩入土成支柱根。

保护效果： 3种措施，长久保护古榕，光照水分充足，生长繁茂，成为优美历史人文游览景观资源（图4-136至图4-140）。

▶ 图4-136 福州西湖公园梦山景区悬崖倾斜古榕钢管支撑柱保护竣工实景

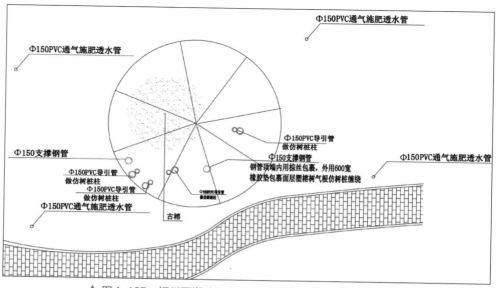

▲ 图4-137　福州西湖公园梦山景区悬崖榕树1保护设计平面图

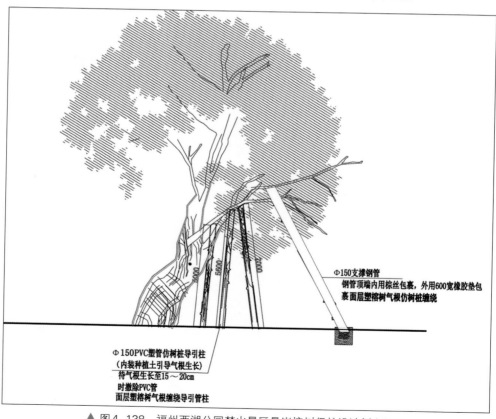

▲ 图4-138　福州西湖公园梦山景区悬崖榕树保护设计侧立面图

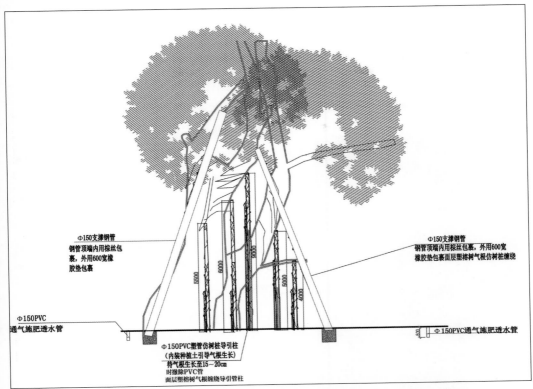

Φ150支撑钢管
钢管顶端内用棕丝包裹，外用600宽橡胶垫包裹

Φ150支撑钢管
钢管顶端内用棕丝包裹，外用600宽橡胶垫包裹面层塑榕树气根仿树桩缠绕

Φ150PVC
通气施肥透水管

Φ150PVC通气施肥透水管

Φ150PVC塑管仿树桩导引柱
（内装种植土引导气根生长）
待气根生长至15～20cm
时撤除PVC管
面层塑榕树气根缠绕导引管柱

▲ 图4-139　福州西湖公园梦山景区悬崖古榕树钢管支撑柱保护设计正立面图

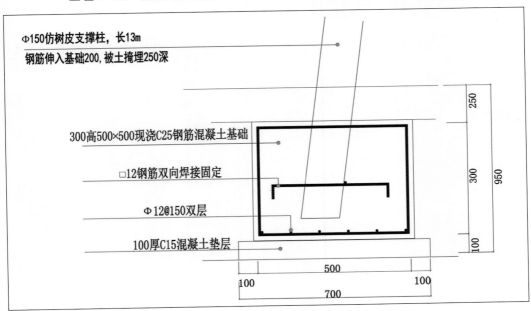

Φ150仿树皮支撑柱，长13m

钢筋伸入基础200，被土掩埋250深

300高500×500现浇C25钢筋混凝土基础

□12钢筋双向焊接固定

Φ12@150双层

100厚C15混凝土垫层

250

300

950

100

500

100　　　100

700

▲ 图4-140　悬崖榕树钢管支撑柱保护设计基础剖面大样图

案例14 福州福飞路边（闽A0085鼓楼）古榕树保护

基本信息：古榕树，位于福州福飞路边沁芳园茶楼附近，编号闽A00085（鼓楼），二级保护，树龄300年，树高20m，胸围5.18m，冠幅600m²。

古树现状：古榕长势良好，枝繁叶茂，苍翠挺拔。

保护措施：①树体倾斜，建300mm×300mm、高6m梯形双方柱钢筋砼支撑柱保护树体。②砌3m高挡土墙保护古榕。③引导众多气根入地形成支柱根，用遮光网覆盖，引导藤蔓植物向上攀爬。

保护效果：3种措施长久保护古榕，光照水分充足，生长繁茂，为路人带来绿荫，成为优美历史人文游览景观资源（图4-141至图4-144）。

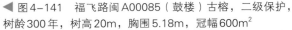

◀ 图4-141 福飞路闽A00085（鼓楼）古榕，二级保护，树龄300年，树高20m，胸围5.18m，冠幅600m²

▲ 图4-142 古榕树体倾斜，立高6m方柱钢筋砼支撑柱保护

▲ 图4-143 古榕生长气根形成支柱根，长久地保护古榕

▲ 图4-144 为古榕砌3m高挡土墙保护。建双方柱钢筋砼支撑柱保护树体

案例15　福州永泰梧桐榕水湾步道百柯古榕树保护

基本信息： 百柯古榕树，位于福州永泰梧桐春光村榕水湾步道中段，二级保护古树，树高14m，主枝伸长16m，胸围6m，冠幅700m²，树龄400年。

古树现状： 古榕长势良好，枝繁叶茂，苍翠挺拔。

保护措施： ①生态环境提升改造，扩建百柯古榕树保护绿地，光照水分充足，生长繁茂。②保护超长主枝，在主枝中部立6m高仿树桩支撑柱，面层做RGC仿树桩气根纹理。

保护效果： 2种措施，长久保护古榕，奇趣壮观，吸引众多游人，成为优美历史人文游览景观与美丽乡村旅游打卡好地方（图4-145至图4-148）。

立仿树桩支撑柱保护古榕

◀ 图4-145　超标准建榕水湾百柯古榕树保护绿地，成为优美历史人文游览景观资源

▲ 图4-146　立6m高RGC仿树桩支撑柱，长久地保护百柯古榕超长主枝

▲ 图4-147　沿岸地面板根，保护河湾码头不受洪水冲刷

▲ 图4-148　春光榕水湾步道百柯古榕立5m高RGC仿树桩支撑柱，保护百柯古榕

案例16　龙岩新罗工会大厦边古榕雅树保护

基本信息： 古雅榕，位于龙岩新罗区九一路边工会大厦边，二级保护，树龄328年，胸径3.8m，树高20m，冠幅1200m²。龙岩市有很多历史悠久的古榕。

古树现状： 古榕长势良好，枝繁叶茂。

保护措施： 树体倾斜，用高6m单柱仿树桩钢筋砼柱支撑树体，面层做榕树皮纹理造型。

保护效果： 仿树桩支撑柱长久保护古榕，形成优美历史人文游览景观资源，成为城市旅游打卡好地方（图4-149、图4-150）。

▶ 图4-149　龙岩工会大厦古雅榕树树体用单柱仿树桩钢筋砼支柱支撑树体

▼ 图4-150　龙岩新罗区九一路边工会大厦古雅榕树，二级保护古榕，树龄328年，胸径3.8m，树高20m，冠幅1200m²，树体倾斜，已用单柱仿树桩钢筋砼支柱支撑树体

案例17　福州鼓山后屿白马三郎庙古榕保护

基本信息：白马三郎庙古榕，位于鼓山后屿古一村1号，市头桥白马三郎庙东边，编号闽A00222（晋安），二级保护，树龄300年，树高15m，胸围3.14m，冠幅500m^2。

古树现状：光照水分充足，古榕长势良好，枝繁叶茂。

保护措施：①2主干树体倾斜，十多年前为古榕用水泥砂浆砌筑2座1.5m高、0.5m厚块石梯形支座保护树体。②保护绿地超过树冠垂直投影线外5m。

保护效果：生长繁茂，古榕生长很多气根入地形成支柱根，长久地保护古榕，浓荫下桥头是休闲娱乐健身好场所，成为优美历史人文游览景观资源（图4-151至图4-153）。

▶ 图4-151　古一村市头桥白马三郎庙（闽A00222晋安）古榕树，浓荫下是休闲娱乐好场所

▲ 图4-152　古榕树，冠幅500m^2，光照水分充足，生长繁茂

▲ 图4-153　主干树体倾斜，用水泥砂浆砌筑2座1.5m高、0.5m厚块石梯形支座，保护树体

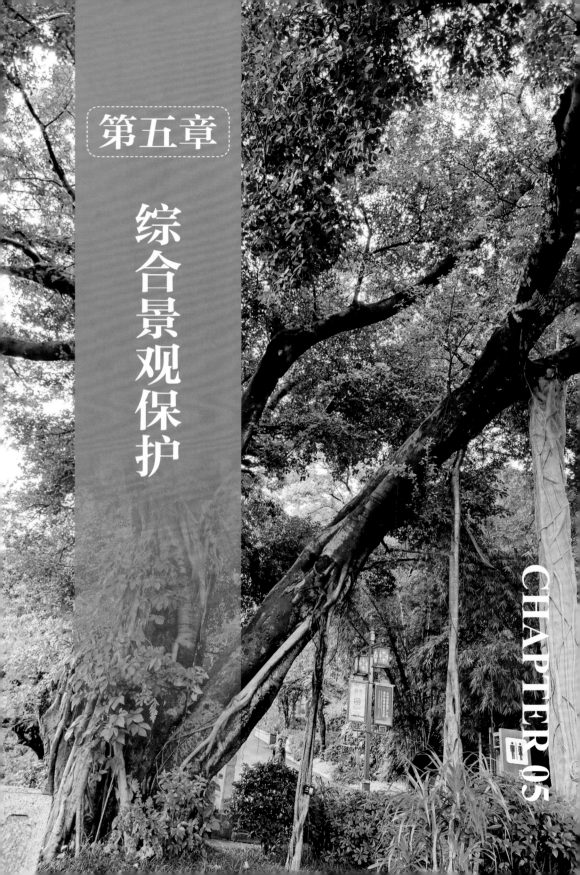

第五章

综合景观保护

CHAPTER 05

第一节 应用嫁接技术，促成独树成林景观保护

运用发挥榕树的生态习性，靠接榕树，形成独木成林景观效果。对树势衰弱或基部中空或悬崖边的古树名木，采用嫁接法恢复生机加以支撑保护，在需要靠接的古树名木旁种植2~3株提前培养的分叉部位平齐于被支撑点高度的同种大树作为活体支柱，将大树枝条嫁接在古树名木树干上，宜与被支撑树体呈90°夹角，即将树干在一定高度处将韧皮部切开，将幼枝的切面与古树的韧皮部贴紧，用绳子扎紧或用塑料薄膜包扎绑缚嫁接处，在形成层完全愈合后去除包扎，定期检查，必要时重新操作直至嫁接成功。也可应用凿洞嫁接小榕树，恢复古榕树的生长势。

案例1 福州冶山越壑桥萨镇冰故居观海榕树保护

基本信息： 观海古榕，位于冶山春秋园萨镇冰故居仁寿堂前，越壑桥东，百年古榕，高20m，冠幅800m²，胸围1.65m，有宋至民国摩崖题刻53段，历史文化底蕴深厚。

保护现状： 观海榕与并蒂榕众多气根如瀑布飘洒，傲然挺立，主枝飘斜，四季苍翠。

保护措施： ①嫁接高10m大树成榕树门景观。②扩大保护绿地。③引导气根入地。

保护效果： 3种措施保护古榕，远望呈独树成林景观，形成优美历史悠久人文旅游景观，体现榕树顽强拼搏文化精神（图5-1、图5-2）。

▲ 图5-1 气根支柱嫁接大树成榕树门景观，傲然挺立

▲ 图5-2 古榕四季苍翠，远望呈独树成林景观

第二节 综合景观保护

在古树名木保护规划设计与施工过程中，建立良好的生态环境，促使古树名木能正常生长，还要防护古树名木因树枝过长，遭受台风暴雨损害而断枝倒伏，因此要做加固支撑保护施工，例如福州森林公园榕树王冠幅直径超40m，几个主枝超长，达20m，随时会因暴风骤雨或自重而折断损害树体，十几年前在几个主枝下立加固GRC仿树桩钢筋砼支撑柱，如今又在远端树枝下建气根缠绕仿树桩钢筋砼支撑柱，达到与环境协调的仿真树皮的景观效果。榕树生长繁茂，体现榕树顽强拼搏文化精神。在福州很多地方有既做生态环境保护，又建加固支撑仿树桩树体综合景观保护的成功案例。

一、既促生态环境保护，又立仿树桩支撑柱，进行树体保护

案例1 福州森林公园榕树王保护

基本信息： 榕树王（雅榕），位于福州八一水库森林公园中心草坪，树高20m，胸围10.2m，冠幅1450m²，冠幅直径超40m，树冠全市最大，一级保护古树，十大古榕之一，被评为"中国榕树王"。相传是北宋治平年间三位武官在此练武时所植，树龄近千年。

保护现状： 榕树主枝长超20m，随时会因暴风骤雨或自重而折断树体。20年前，主干下有硬质铺装，树冠出现一半绿一半黄现象。现空间开阔通透，生长良好。

保护措施： ①撤掉清理4/5的树下硬质铺装游览场地，建成3600m²的生态保护绿地。②施肥改良土壤，面层撒碎木屑，增加土壤透气性。③主树干下建直径300mm仿树桩钢筋砼支撑柱保护古榕树，面层做GRC仿榕树皮纹理装饰，与自然环境协调。

保护效果： 3种保护措施，形成光照水分充足、四季常绿、生长繁茂、生态环境良好的休闲观赏保护绿地。树荫下可供千人休闲娱乐健身，成为优美的历史悠久人文旅游景观，体现榕树顽强拼搏文化精神，参观游人众多（图5-3至图5-5）。

▲ 图5-3 福州森林公园"榕树王"，冠幅1450m²，光照水分充足，生长繁茂，四季常绿

▲ 图5-4 福州森林公园"榕树王"，主干下立Φ300仿树桩支撑柱，保护古榕树。钢筋砼支撑柱面层做GRC仿树桩树皮纹理装饰，改造树下硬地铺装，面铺通气透水的碎木梢，建成生态环境优良保护绿地

▲ 图5-5 福州森林公园"榕树王"，既改造树冠下绿地生态环境，又立仿树桩支撑柱，进行树体保护，榕树生长繁茂，形成良好的历史人文旅游文化景观资源

案例2 福州梅峰小学连理古榕保护

基本信息： 连理古榕，位于梅峰小学入口，原洪山镇城西地藏寺门前2株榕树，传说地藏寺建寺时（咸丰五年，1856年）栽，树龄160年，闽A00192（鼓楼）古榕树高18m，胸围8.3m，冠幅783m²；闽A00193（鼓楼）古榕胸围10m，冠幅650m²。二级保护古树。

古树现状： 树干基部腐烂严重，受台风吹折一大主枝，树体偏冠。现枝繁叶茂。

保护措施： ①保护连理古榕，撤除原直径4m花坛与花岗岩硬铺装地面，建成23m×12.3m草坪保护绿地。②建立4组GRC仿树桩钢管支撑柱架，面层做GRC仿榕树皮纹理装饰。③竖立10根高低错落Φ160的PVC导引管，引导气根入土成气根支撑柱。④用水泥石灰砂浆填充封闭腐洞，做腐洞防腐罩面层，长久保护连理古榕。⑤保护绿地内栽下茶花、杜鹃、灰莉、麦冬草坪等，形成生态环境优美的校园观赏绿地。

保护效果： 多种措施，长久保护古榕树，与自然环境协调。榕树生长繁茂，成为优美的人文旅游景观资源，优美的生态校园景观，体现榕树顽强拼搏的文化精神（图5-6至图5-12）。

▶ 图5-6 福州梅峰小学入口连理古榕

▲ 图5-7 梅峰小学古榕边栽茶花、杜鹃、灰莉等花木，形成生态环境优美保护绿地

▲ 图5-8 梅峰小学保护绿地，建立4组GRC仿树桩钢管支撑柱，立10根Φ160PVC气根导引管，保护连理古榕

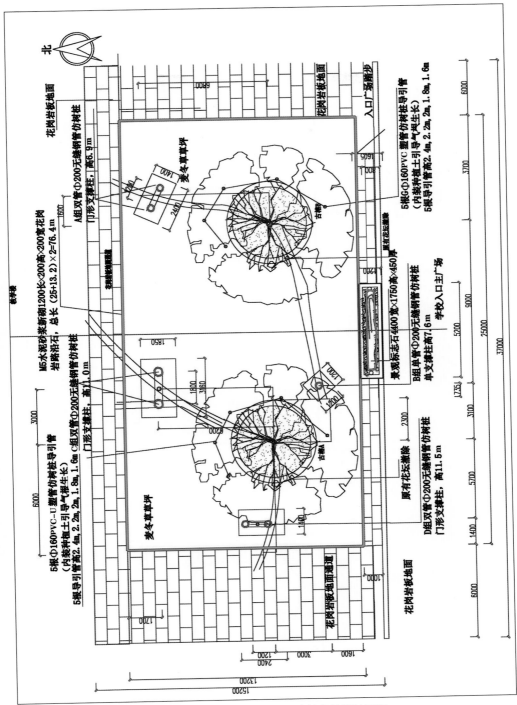

▲ 图5-9　福州梅峰小学连理古榕保护设计平面

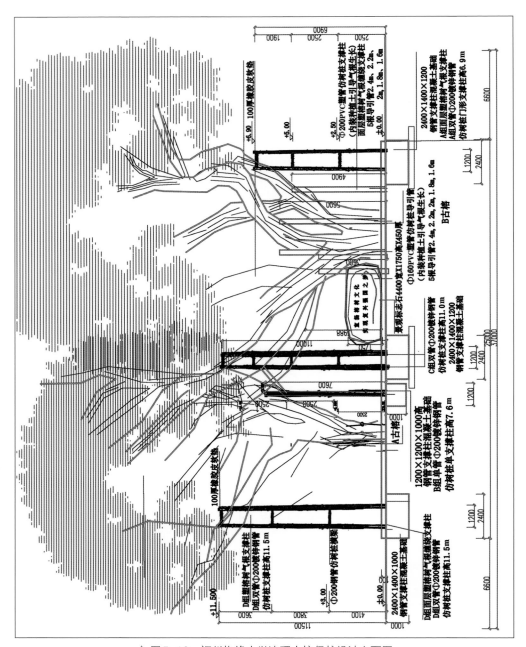

▲ 图5-10 福州梅峰小学连理古榕保护设计立面图

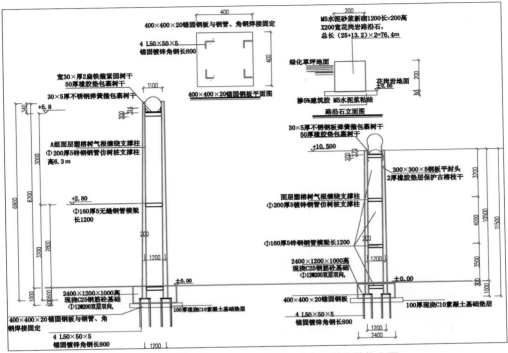

▲ 图5-11 连理古榕A组（左）、D组（右）双管支撑柱立面

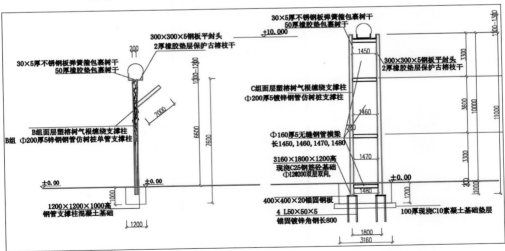

▲ 图5-12 小学连理古榕B组（左）、C组（右）双管支撑立面

案例3　福州马尾船政文化城古树保护

基本信息： 4株船政古榕，在福州马尾船政文化城船槽与综合仓库前，闽A00023（马尾），胸围3.3m；闽A00024（马尾），胸围5.87m；闽A00025（马尾），胸围（4.6+4.6+2.2）m；闽A00026（马尾），胸围6.86m，树高15m。二级保护，船政建设初栽，树龄120年。

古树现状： 20世纪每株榕建3m×6m花坛，2020年榕树被台风吹歪，现古榕生长繁茂。

保护措施： ①撤硬地，扩建8m×57m三古榕保护绿地和14m×8m保护绿地。②立40根竹导引管。③建14组仿树桩钢管支撑柱。④引导气根自然入地，形成独树成林效果。

保护效果： 多种保护措施，使绿地自然环境优美，达到长久保护船政文化城古榕效果，成为历史悠久人文旅游景观，体现榕树顽强拼搏文化精神（图5-13至图5-32）。

◀ 图5-13　马尾船政文化园闽A00026（马尾）古榕，被风吹斜

◀ 图5-14　船政文化园闽A00026（马尾）古榕，撤3m×6m花坛，扩建8m×14m绿地

◀ 图5-15　船政文化园闽A00026（马尾）古榕，立单柱仿树桩钢管支撑柱保护

▲ 图5-16　福州马尾船政文化园闽A00026（马尾）古榕，建立15根古榕气根竹导引管与4组仿树桩钢管支撑柱，长久保护古榕，生长繁茂，体现榕树顽强拼搏文化精神

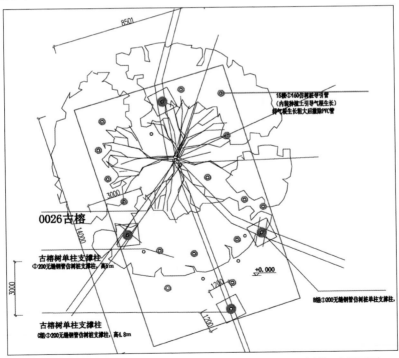

▲ 图5-17　福州马尾船政文化园闽A00026（马尾）古树设计平面图
说明：闽A00026（马尾）古榕共立4根单柱仿树桩气根缠绕钢管支撑柱

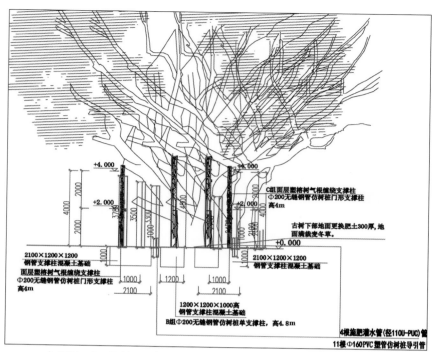

▲ 图5-18 福州马尾船政文化园闽A00026（马尾）古树设计立面图

说明：闽A00026（马尾）古榕共立15根气根竹导引管

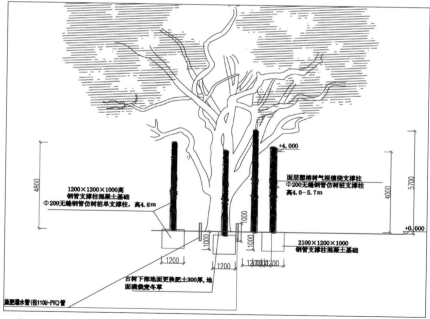

▲ 图5-19 福州马尾船政文化园闽A00026（马尾）古树钢管支撑柱设计立面图

说明：闽A00026（马尾）古榕共立4根单柱仿树桩气根缠绕钢管支撑柱

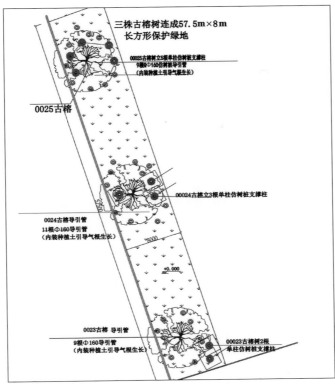

▲ 图5-20 福州马尾船政文化园闽A00023、00024、00025（马尾）古榕树保护设计总平面

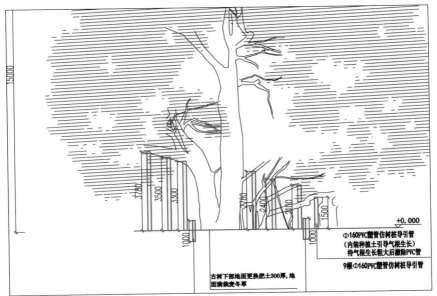

▲ 图5-21 福州马尾船政文化园闽A00025（马尾）古树设计立面图

说明：闽A00025（马尾）古榕共立9根气根竹导引管

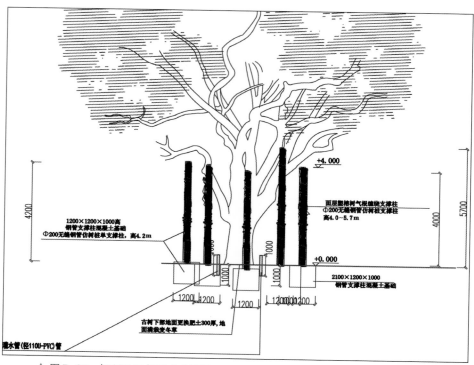

▲ 图5-22　福州马尾船政文化园闽A00025（马尾）古树钢管支撑柱设计立面图
说明：闽A00025（马尾）古榕共立5根单柱仿树桩气根缠绕钢管支撑柱

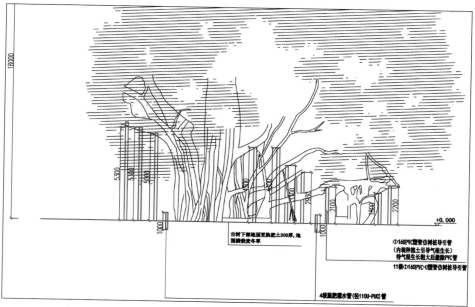

▲ 图5-23　福州马尾船政文化园闽A00024（马尾）古树设计立面图
说明：闽A00024（马尾）古榕共立11根气根竹导引管

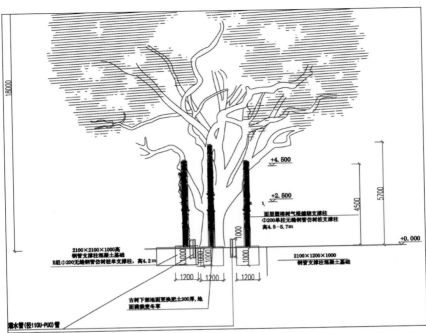

▲ 图5-24　福州马尾船政文化园闽A00024（马尾）古树钢管支撑柱设计立面图
说明：闽A00024（马尾）古榕共立3根单柱仿树桩气根缠绕钢管支撑柱

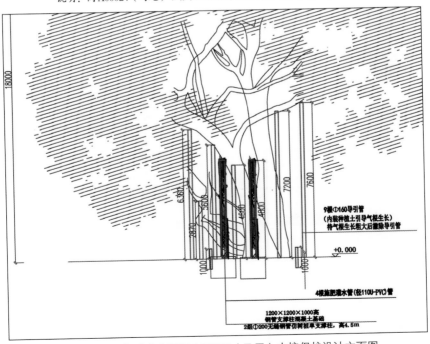

▲ 图5-25　船政文化园闽A00023（马尾）古榕保护设计立面图
说明：闽A00023（马尾）古榕共立9根气根竹导引管长久保护古榕

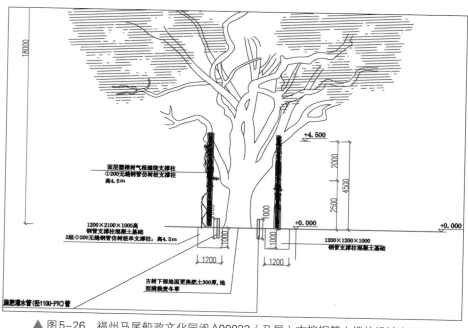

▲ 图5-26 福州马尾船政文化园闽A00023（马尾）古榕钢管支撑柱设计立面图

说明：闽A00023（马尾）古榕共立2根单柱仿树桩气根缠绕钢管支撑柱，长久保护古榕

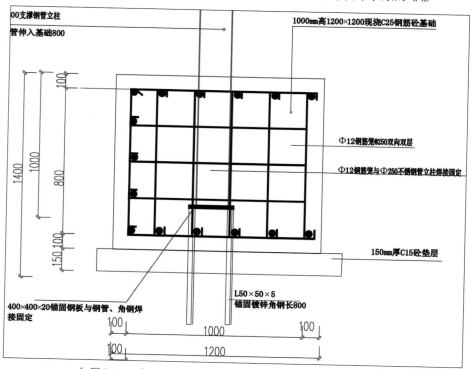

▲ 图5-27 福州马尾船政文化园古榕保护支撑基础设计立面图

▲ 图5-28　福州马尾船政文化园闽A00025（马尾）古榕，立9根气根竹导引管，导引气根自然入地，建5组单柱仿树桩钢管支撑柱，长久保护古榕，形成开阔观江景优美环境

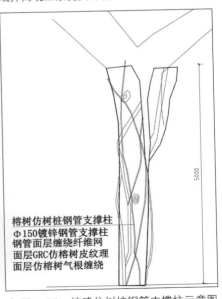

▲ 图5-29　船政文化园闽A00024（马尾）榕立气根导引管，建仿树桩钢管支撑柱，保护古榕

▲ 图5-30　榕建仿树桩钢管支撑柱示意图

▲ 图5-31　福州马尾船政文化园闽A00024（马尾）古榕，建3组单柱仿树桩钢管支撑柱，保护古榕，立11根竹导引管，导引气根自然入地成气根柱，形成卧榕自然奇特景观

▲ 图5-32　船政文化园闽A00023（马尾）榕立9根导引气根柱，建2组仿树桩钢管支撑柱，导引气根自然入地，长久保护古榕

案例4　**广西柳州三江良口产口1300年古雅榕树保护**

基本信息：古雅榕，在广西柳州三江良口产口村口，树龄1300年，一级保护古树。

古树现状：古树生长繁茂，主干板根粗壮奇趣，树冠硕大，四季常青。

保护措施：①扩建2000m²古榕保护广场。②建立古榕保护2组假山仿树桩钢筋砼支撑柱，长久保护古雅榕。

保护效果：多种保护措施，使绿地自然环境优美，可观赏榕江美景，是美丽乡村拍照旅游好景点，体现榕树顽强拼搏文化精神，古村落古榕广场形成优美农家休闲历史人文旅游景区（图5-33至图5-36）。

▲ 图5-33　广西柳州三江良口产口村口，古雅榕树，生长繁茂，建立2组假山仿树桩钢筋砼支撑柱

▲ 图5-34　古雅榕树，主干板根粗壮奇趣

▲ 图5-35　枝繁叶茂，环境优美　　▲ 图5-36　树冠硕大，可观赏榕江美景

二、既促气生根生长，又立仿树桩支撑柱，进行多方位树体保护

在福州古榕保护，是既促气生根导引生长，又立仿树桩支撑柱，才能长久保护古榕安全繁茂生长，榕荫造福百姓。因为气生根导引生长，要四五年后才能长成支撑柱，起到保护古榕作用；而这四五年间，就需要立仿树桩支撑柱，才能长久保护古榕安全生长。

案例1　福州安泰河秀冶里古榕保护

基本信息：福州安泰河秀冶里河岸的闽A00062（鼓楼）至闽A00066（鼓楼）5株古榕，树龄200年，二级保护古树，树高20m，冠幅直径20m；闽A00062（鼓楼）古榕胸围10m；闽A00063（鼓楼）古榕胸围5.5m；闽A00064（鼓楼）古榕胸围8m；闽A00065（鼓楼）古榕胸围5.8m；闽A00066（鼓楼）古榕胸围7m。

古树现状：安泰河是福州朱紫坊历史文化街区组成景观区，5株古榕生长繁茂。

保护措施：①沿河扩建古榕保护花坛绿地。②导引气根向下生长保护古榕。③建（外套波纹管）GRC仿树桩钢管支撑柱保护古榕，自然环境协调。④生物防治有害生物。

保护效果：支撑柱长久保护安泰河岸古榕，雄伟挺立，气根飘洒，榕荫造福百姓，古榕展现朱紫坊历史文化街区悠久历史传统文脉景观，体现榕树顽强拼搏文化精神（图5-37至图5-40）。

▲图5-37　安泰河秀冶里河岸闽A00062（鼓楼）古榕保护气根林与仿树桩钢管支撑柱景观大样

▲ 图 5-38　安泰秀冶里闽 A00063（鼓楼）古榕气根与仿树桩支撑柱展现朱紫坊历史文化街区传统文脉景观

▲ 图 5-39　安泰秀冶里闽 A00064（鼓楼）古榕仿树桩钢管支撑柱景观，体现榕树顽强拼搏文化精神

▲ 图 5-40　安泰河秀冶里闽 A00065 古榕保护气根林与外套波纹管仿树桩钢管支撑柱景观

案例2 福州安泰河龙墙榕保护

基本信息：龙墙榕，编号闽A00004（鼓楼），位于福州市安泰河边朱紫坊门牌25号河边驳岸上，树高25m，胸围5.2m，冠幅800m²，传说树龄千年，是宋代遗物，一级保护古树。

古树现状：长在河岸砖墙上的骑墙榕，攀附砖墙岩壁生长，裸根盘曲，形成一堵宽10m榕根墙，枝繁叶茂，绿荫如盖，气根如瀑布下垂河面，生长良好。

保护措施：①为支撑庞大树冠，跨朱紫坊步行道设计三柱钢筋砼支撑柱保护古榕。②导引气根向下入土生长保护古榕，包裹了钢筋砼支撑柱。③生物防治有害生物。

保护效果：古榕树型奇特、树龄长久、雄伟壮观的龙墙榕，宛如一座历史艺术丰碑矗立在榕城古城中心——朱紫坊河岸，形成悠久历史人文景观，展现福州朱紫坊历史文化街区传统文脉景观，体现顽强拼搏榕树文化精神，为福州十大奇榕之首（图5-41至图5-46）。

▶ 图5-41 福州安泰河龙墙榕树高25m，设计了三柱钢筋砼支撑柱，十几年来，榕树气根向下生长，渐渐包裹了钢筋砼支撑柱，雄伟壮观

▲ 图5-42 安泰河龙墙榕长石驳岸，榕根墙宽达10m，气根如瀑布下垂河面

▲ 图5-43 福州安泰河龙墙榕从正面看，榕根墙长在砖墙，苍老古朴

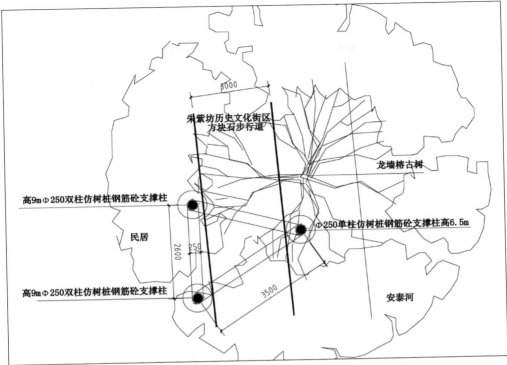

▲ 图5-44 福州安泰河龙墙榕跨步行道三角形支撑柱平面图

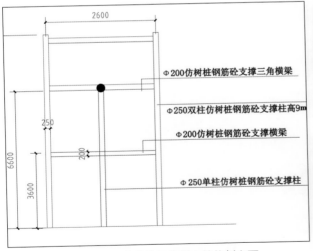

▲ 图5-45 龙墙榕三角形支撑柱侧立面

▲ 图5-46 龙墙榕三角形支撑柱立面景观

案例3 福州五一路双龙戏凤古榕保护

基本信息： 榕树（*Ficus microcarpa*）、笔管榕（*Ficus superba* var. *japonica*）长在秋枫树（*Bischofia javanica*）上，形成榕树、管管榕与秋枫三树共生奇观，被人戏称为"双龙戏凤"，编号闽A00106（鼓楼），胸围6.93m，高18m，冠幅560m²，二级保护。

古树现状： 福州五一路铁道大厦边"双龙戏凤"三合树，生长良好，福州十大奇榕之一。

保护措施： ①奇特古榕保护，主干下立3支柱，来支撑硕大树冠。一根钢筋砼支撑柱支撑秋枫。②三根气根导引入地成支柱支撑榕树与笔管榕。③生物防治有害生物。

保护效果： 3种措施保护"双龙戏凤"三合树，枝繁叶茂，形成历史人文景观，体现奋发向上、顽强拼搏榕树文化精神（图5-47至图5-51）。

▶ 图5-47 五一路"双龙戏凤"奇树，立3支柱支撑大树冠。一根钢筋砼支柱支撑秋枫，二根气根支柱支撑榕树与笔管榕

◀ 图5-48 "双龙戏凤"奇榕与秋枫、管管榕三树共生，钢筋砼支撑柱斜撑秋枫树体现顽强拼搏榕树文化精神

◀ 图5-49 直立气根柱当年采用PVC塑料管引导气根向下生长，4年后气根长到地面，生成支撑柱胀破塑料管，形成硕大粗壮的气根柱，支撑硕大雄伟壮观树冠

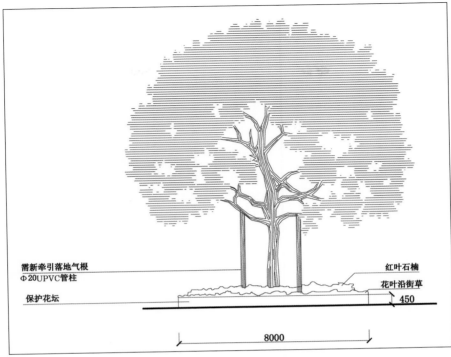

需新牵引落地气根
Φ20UPVC管柱

保护花坛

红叶石楠

花叶沿街草

450

8000

▲图5-50　"双龙戏凤"古树保护立面

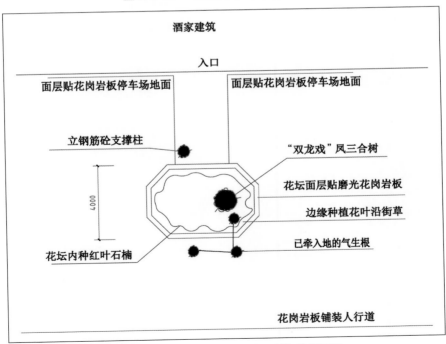

酒家建筑

入口

面层贴花岗岩板停车场地面

面层贴花岗岩板停车场地面

立钢筋砼支撑柱

"双龙戏"凤三合树

花坛面层贴磨光花岗岩板

边缘种植花叶沿街草

4000

已牵入地的气生根

花坛内种红叶石楠

花岗岩板铺装人行道

▲图5-51　"双龙戏凤"三合古树保护平面图

案例4 福州白马河公园黎明古榕园古榕保护

基本信息： 古榕位于1990年建成福州白马河公园黎明古榕园，树冠900m²。

古树现状： 原古榕2主干半边腐烂较大，如今榕树浓荫匝地，枝繁叶茂，生长良好。

保护措施： ①治理主干半边腐烂木质部，用水泥油灰拌消毒剂封闭腐烂木质部伤口。②立5根高3～6m仿树桩钢筋砼柱支撑广阔树冠。③引导高低错落6～7根气根柱向下生长保护古榕。④扩建长13m、宽8m椭圆形榕树花坛。⑤生物防治有害生物。

保护效果： 5种措施长久保护古榕生长，形成休闲娱乐健身生态环境，造福百姓，形成历史人文景观，体现奋发向上、顽强拼搏榕树文化精神（图5-52、图5-53）。

▶ 图5-52　引高低错落6～7根气根柱向下生长，起到长久保护古榕作用

建高低错落仿树桩钢筋砼支撑柱保护古榕

▲ 图5-53　福州白马河公园古榕园榕树浓荫匝地，5根高3～6m仿树桩钢筋砼支柱支撑广阔树冠

案例5　福州台江亿力江滨小区古榕林保护

基本信息： 5株古榕，位于福州台江排尾路115号亿力江滨C小区，二级保护，编号闽A00062（台江）古榕，胸围（1.75+2.62+1.65）m；编号闽A00063（台江）古榕，胸围5.16m；编号闽A00065（台江）古榕，胸围2.60m；编号闽A00066（台江）古榕，胸围3.1m；编号闽A00067（台江）古榕，胸围4.13+2.35m，树高16~18m。

古树现状： 前几年有用钢丝绳牵拉保护防台风，但被台风吹折古榕树枝。现生长良好。

保护措施： ①硬支撑保护，设计仿树桩钢管支撑柱保护主枝，建双管支撑柱古榕，形成加固支撑；柱顶加弹簧钢板衬橡胶垫包裹主干枝。②主树枝下立PVC塑料管引导气根向下生长入土，气根胀破Φ200PVC导引管，粗壮气根柱成为支撑柱，保护古榕树冠。③生物防治有害生物。

保护效果： 3种措施长久保护古榕；通过几年保护生长，形成枝繁叶茂榕树林，休闲娱乐健身生态环境，造福当地百姓，形成历史人文景观，体现奋发向上、顽强拼搏榕树文化精神（图5-54至图5-67）。

▶ 图5-54　台江亿力江滨小区跨路建仿树桩钢筋砼支撑架保护编号A00062（台江）古榕

▼ 图5-55　福州台江亿力江滨小区古榕林保护全景

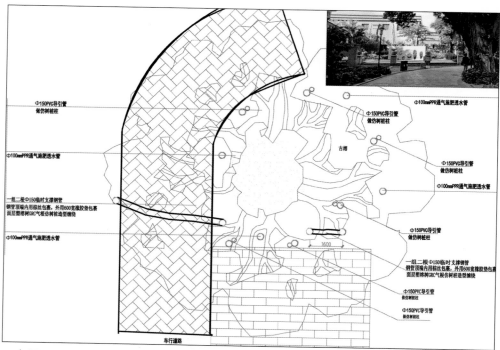

▲ 图5-56 台江亿力江滨小区跨路架仿树桩钢管支撑架编号A00062（台江）古榕保护平面图

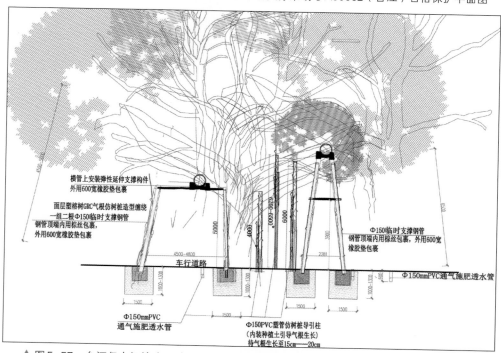

▲ 图5-57 台江亿力江滨小区建仿树桩钢管支撑架编号A00062（台江）古榕保护总立面图

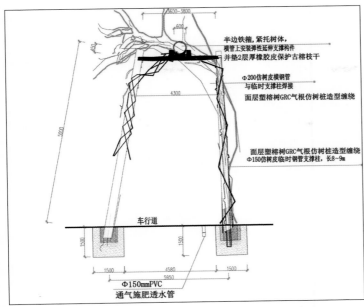

▚ 图5-58　亿力江滨小区跨路架仿树桩钢管支撑架保护编号A00062（台江）古榕立面图

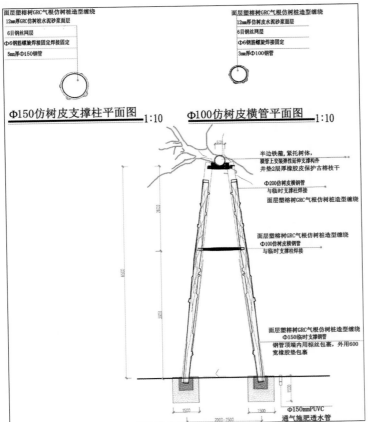

▚ 图5-59　亿力江滨小区架仿树桩钢管支撑架保护编号A00062（台江）古榕2右侧立面

▲ 图5-60　福州台江亿力江滨小区编号A00062（台江）古榕导引气根与立仿树桩钢管支撑架保护古榕。气根胀破Φ200PVC塑料导引管，粗壮气根支撑柱保护古榕

▲ 图5-61　福州台江亿力江滨小区编号A00063（台江）古榕导引气根与立仿树桩钢管支撑架保护古榕。气根胀破Φ200PVC塑料导引管，粗壮气根支撑柱保护古榕

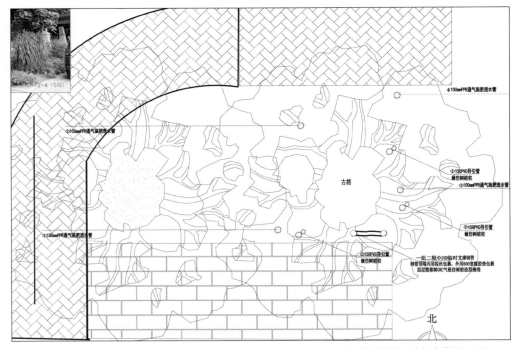

▲ 图5-62　亿力江滨小区编号A00063（台江）古榕引气根与仿树桩钢管支撑架保护平面图

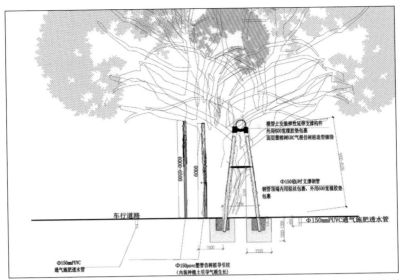

▲ 图5-63　亿力江滨小区编号A00063（台江）古榕引气根与仿树桩钢管支撑架保护立面图

▲ 图5-64　Φ150仿树皮支撑柱平面柱顶加弹簧钢板衬橡胶垫包裹主干枝（左）；Φ100仿树皮横管平面图（右）

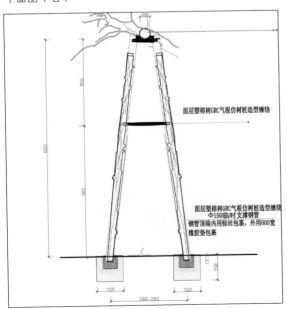

◀ 图5-65　台江亿力江滨小区编号A00064（台江）古榕3仿树桩Φ150钢管支撑架立面图

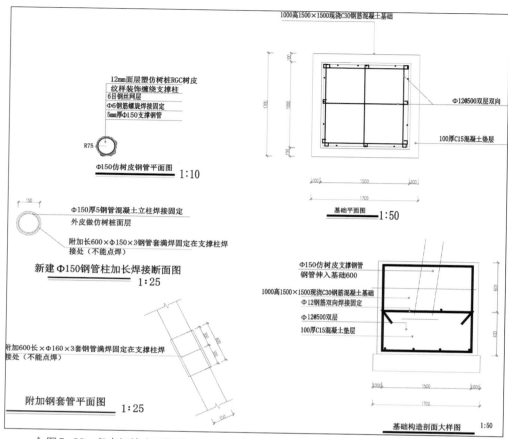

▲图5-66 亿力江滨小区编号A00064（台江）古榕3引气根与架仿树桩支撑架保护大样

▲图5-67 福州台江亿力江滨小区编号A00066（台江）古榕导引气根支撑保护，气根已胀破Φ200的PVC塑料导引管，硕大粗壮气根支柱已成为支撑柱，保护古榕树冠

案例6　福州乌山路围墙边十三太保古榕保护

基本信息: 十三太保古榕,主干位于福州市政府大院礼堂南侧围墙内,支撑柱位于乌山路围墙边,编号闽A00152(鼓楼),二级保护古树,树高20m,冠幅直径20m,胸围6.5m。

古树现状: 粗大主枝伸向围墙外,浓荫覆盖乌山路,生长良好。

保护措施: ①为了保护古榕树冠,在乌山路边人行道上立2根仿树桩钢筋砼支撑柱,面层做GRC仿榕树皮纹理装饰,与自然环境协调。②导引气根向下入土生长,硕大粗壮气根支柱已包裹仿树桩钢筋砼支撑柱,共同保护古榕树冠。

保护效果: 2种措施长久保护古榕,枝繁叶茂树冠,形成历史人文旅游景观,体现奋发向上、顽强拼搏榕树文化精神(图5-68至图5-71)。

▲ 图5-68　路边人行道上立2根仿树桩钢筋砼支撑柱,保护古榕树不受风害

▲ 图5-69　粗壮的气根支柱已包裹仿树桩钢筋砼支撑柱,共同保护古榕树冠

▲ 图5-70　福州乌山路围墙十三太保古榕主干在市政府礼堂南围墙内

▲ 图5-71　乌山路十三太保古榕立2根钢筋砼支撑柱立面图

案例7 福州仓山麦园路福建省卫生计生监督所美髯榕保护

基本信息： 美髯榕，位于麦园路福建省卫生计生监督所操场，一级保护古榕，原仓山区美国领事馆院内，编号闽A00005（仓山），树高25m，冠幅900m²，胸围10m，树龄160年。

古树现状： 在2005年被台风吹倒，古榕一主枝生长良好，气根如美髯飘拂。

保护措施： ①建立六柱仿树桩钢筋砼支撑架，保护美髯古榕树。②立导引管引导气根向下生长，支撑硕大树冠。③粗壮的气根向下生长，已包裹仿树桩钢筋砼支撑柱。

保护效果： 3种措施长久保护古榕。美髯榕见证历史沧桑，虽被风害倒地，经抢救修复，现雄姿勃发，美髯飘拂，浓荫形成休闲娱乐健身广场，形成历史人文景观，体现奋发向上、顽强拼搏榕树文化精神（图5-72至图5-76）。

▲ 图5-72　仓山麦园路省卫生监督所美髯榕生长良好

▲图5-73　建立六柱仿树桩钢筋砼支撑架，保护美鬃古榕，现生长繁茂

▲图5-74　立导引管引导气根生长，支撑硕大树冠

▲图5-75　麦园路省卫生监督所美髯榕粗壮气根支柱包裹钢筋砼支撑柱，枝繁叶茂，体现奋发向上顽强拼搏榕树文化精神

▲图5-76　麦园路省卫生监督所美髯榕，立波纹管引导气根向下生长，现气根涨裂波纹管，形成支撑柱保护古榕

案例8　福州西禅寺湖心岛古榕树保护

基本信息： 湖心岛古榕树，位于福州市西禅寺报恩塔东湖心岛边，编号闽A00133（鼓楼），树龄200年，二级保护古树，高25m，胸围8m，冠幅直径28m。

古树现状： 大主枝伸展深远，长超20m，每个主枝下都立支撑柱，光照水分充足。

保护措施： ①引导气根入土形成支撑柱，保护宽阔的树冠。②建仿树桩钢筋砼支撑柱立水中或地面，保护古榕大树冠，不受台风暴雨危害。

保护效果： 2种措施长久保护古榕。古榕历史悠久，环境优美良好，生长繁茂，树冠硕大，榕荫造福百姓，参观游人众多，浓荫形成休闲娱乐健身广场，形成优美历史人文景观，体现奋发向上、顽强拼搏榕树文化精神（图5-77至图5-79）。

◀图5-77　福州市西禅寺湖心岛古榕树，二级保护古树。环境优美良好，光照水分充足，生长繁茂，四季常青

▲图5-78　气根引导到地面形成支撑柱，支撑保护硕大树冠

▲图5-79　西禅寺湖心岛古榕仿树桩钢砼支撑柱立在水中，支撑保护硕大树冠

案例9　福州闽江公园望龙园三宝寺古榕树保护

基本信息：三宝寺古榕，位于福州闽江公园望龙园三宝寺临江堤岸上，编号闽A00001（台江），一级保护古树，十大古榕之一，高15m，冠幅直径30m，胸围（4.9+5.45+5.07）m。

古树现状：有三大主枝蓬勃向上，古榕生长繁茂。

保护措施：①主枝下建几组精美仿树桩钢管支撑柱，支撑保护宽阔树冠。②气根引导入地形成支撑柱，保护古榕大树冠，不受台风暴雨危害。③环境提升改造，扩大古榕保护绿地。

保护效果：3种措施，长久保护古榕树，光照水分充足，古榕挺拔，雄伟壮观苍翠拔，形成优美历史人文景观，参观游客众多，榕荫下是百姓休闲娱乐健身广场，体现奋发向上、顽强拼搏榕树文化精神（图5-80至图5-82）。

◀ 图5-80　三宝禅寺古榕有三大主枝蓬勃向上，支撑保护宽阔的树冠，不受台风暴雨危害

▲ 图5-81　闽江公园三宝寺临江堤岸主枝下立几组精美仿树桩钢管砼支撑柱

▲ 图5-82　三宝寺古榕树枝下立钢管支撑柱保护古榕大树冠，不受台风暴雨危害

案例10　福州乌山历史风貌区天皇岭峭壁门洞榕树保护

基本信息： 峭壁门洞榕，位于乌山历史风貌区天皇岭步行道，高15m，冠幅直径20m。

古树现状： 多个主枝蓬勃向上，支撑保护宽阔的树冠，生长良好。

保护措施： ①在树冠下制作三个仿树桩波纹管支撑柱立在峭壁边地面，气根引导入地形成支撑柱。②引导气根攀缘石壁生长，形成天皇岭步行登山道峭壁榕门洞。

保护效果： 2种措施，长久保护古榕树，光照水分充足，古榕生长繁茂，雄伟挺拔，保护古榕树冠，不受台风暴雨危害，保护游人和停车场，福佑百姓，形成"一帘幽梦"景点，形成历史人文景观，参观游客众多，体现奋发向上、顽强拼搏榕树文化精神（图5-83至图5-85）。

▲ 图5-83　福州乌山天皇岭门洞榕树，多个主枝蓬勃向上，支撑保护宽阔的树冠

▲ 图5-84　气根攀缘石壁，形成天皇岭登山道峭壁榕荫门洞，成"一帘幽梦"景点，奇趣无比

▲ 图5-85　立峭壁边建3个仿树桩波纹管支撑柱

案例11 福州乌山历史风貌区道山观弄口古榕树保护

基本信息： 弄口古榕树，位于福州乌山历史风貌区道山观弄口，吴清源围棋会馆前，胸径1.94m，高20m，冠幅800m²。

古树现状： 十年前被台风吹歪斜，现光照、水分充足，生长繁茂。

保护措施： ①建高6.5m单柱仿树桩钢筋砼支撑柱，柱下部丛柱造型，加强结构稳定，面层做RGC仿树桩榕树皮纹理造型。②引导气根攀岩生长形成支柱根，与自然环境协调美观。

保护效果： 2种措施，长久保护古榕树，形成历史人文景观，参观游客众多，榕荫下是百姓休闲娱乐健身广场（图5-86至图5-88）。

▶ 图5-86 乌山道山观弄口古榕树生长繁茂

▲ 图5-87 乌山道山观弄口古榕被风吹歪斜，立单柱仿树桩钢筋砼支撑柱保护，面层做RGC柱，下部做仿树桩榕树皮纹理造型，与自然环境协调

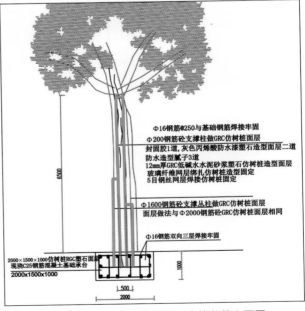

Φ16钢筋@250与基础钢筋焊接牢固
Φ200钢筋砼支撑柱做GRC仿树桩面层
封固胶1道，灰色丙烯酸防水漆塑石造型面层二道
防水造型腻子3道
12mm厚GRC低碱水水泥砂浆塑石仿树桩造型面层
玻璃纤维网层绑扎仿树桩造型固定
5目钢丝网层焊接仿树桩固定

Φ1600钢筋砼支撑丛柱做GRC仿树桩面层
面层做法与Φ2000钢筋砼GRC仿树桩面层相同

Φ16钢筋双向三层焊接牢固

6500

1000

2000×1500×1000仿树桩RGC塑石面层
现浇C25钢筋混凝土基础承台
2000×1500×1000

500

2000

▲ 图5-88 乌山道山观弄口古榕保护立面图

案例12　福州于山风景名胜公园涵碧亭边路标古榕树保护

基本信息： 涵碧亭边古榕，位于福州于山风景名胜公园涵碧亭路口边，二级保护古树，编号闽A00079（鼓楼），是株指向各个景点的路标榕，胸围6.45m，高25m，冠幅900m²。

古树现状： 前几年被台风吹歪斜，现光照水分充足，生长繁茂。

保护措施： ①立单柱高8m仿树桩钢筋砼支撑柱保护倾斜主枝，基础做钢筋砼平台，面层做RGC仿树桩榕树皮纹理。②引导气根自然垂下入土逐步形成支柱根。

保护效果： 2种措施，长久保护古榕树，近年环境提升改造，绿地扩大，枝繁叶茂，与自然环境协调美观，形成历史人文景观，榕荫下是百姓休闲娱乐健身广场（图5-89至图5-91）。

◀图5-89　于山风景名胜公园涵碧亭边古榕树，环境提升改造，保护绿地增大，光照水分充足，生长繁茂，榕荫下是百姓休闲娱乐健身场所

▲图5-90　立单柱钢筋砼支撑柱保护倾斜主枝，引气根下垂入土成支柱面层做RGC仿树桩树皮纹理，环境协调

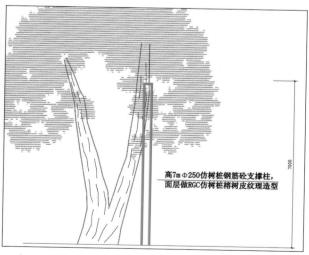

高7m Φ250仿树桩钢筋砼支撑柱，面层做RGC仿树桩榕树皮纹理造型

▲图5-91　立高7m钢筋砼支撑柱，做钢筋砼基础承台

案例13 福州闽侯上街侯官村螺女庙古榕树群保护

基本信息： 5株古榕树群，位于福州闽侯上街侯官1300年古村落螺女庙闽江码头边，最大株古榕在螺女庙边，树龄600年，胸围8.45m，3主枝，高22m，冠幅900m²；其中一株位于闽江码头千年镇国宝塔边古榕，树龄400年，胸围6.45m，2主枝，高18m，冠幅600m²。

古树现状： 古榕光照水分充足，生长繁茂。是新开发美丽乡村旅游观江景好地方。

保护措施： ①立单柱高4～7m仿树桩钢筋砼支撑柱保护主枝，面层做RGC仿树桩榕树皮纹理。②引导气根自然垂下入土形成支柱根。③立竹或塑料管导引气根入土形成支柱根。

保护效果： 3种措施，长久保护古榕树，环境整治提升，保护绿地增大，枝繁叶茂，自然环境协调美观，形成历史人文景观，榕荫下是百姓休闲娱乐健身广场，是美丽乡村打卡拍照观江景好地方（图5-90至图5-93）。

◀图5-90 侯官最大株古榕树龄600年，三主枝并发，立高4m仿树桩钢筋砼支撑柱保护，立竹管导引气根入土形成支柱根

◀图5-91　古榕位于侯官闽江码头唐朝千年镇国宝塔边，树龄400年以上，立仿树桩支撑柱导引气根入土成支柱根，保护古榕抵抗台风暴雨危害

◀图5-92　古榕位于侯官闽江螺女庙边，树龄300年，引导气根自然垂下入土形成支柱根，保护古榕抵抗台风暴雨危害

◀图5-93　古榕位于侯官闽江螺女庙边，树龄300年，立仿树桩支撑柱导引气根入土形成支柱根，保护古榕抵抗台风暴雨

案例14　福州永泰嵩口大樟溪边码头古雅树保护

基本信息： 码头古雅树，位于福州永泰嵩口古村落大樟溪边码头，树龄传说300年，胸围3.6m，2主枝并发，高20m，冠幅700m²，二级保护古树。

古树现状： 古榕光照水分充足，生长繁茂，是新开发美丽乡村旅游观景好地方。

保护措施： ①立高5.5m面层做RGC仿树桩钢管支撑柱。②引导气根自然入土成支撑柱。③立竹管导引气根入土。④立钢管支撑柱。⑤扩保护绿地，改善生态环境。

保护效果： 5种措施，长久保护古雅榕，环境提升改造，枝繁叶茂，自然环境协调美观。参观游人众多，形成历史人文景观，榕荫下是百姓休闲娱乐健身广场，是美丽乡村打卡拍照观江景好地方（图5-94、图5-95）。

◀ 图5-94　福州永泰嵩口古村落大樟溪边码头古雅树，近年环境提升改造，枝繁叶茂，与自然环境协调美观

▲ 图5-95　福州永泰嵩口古村落大樟溪边码头古雅树，立钢管支撑柱，竹导引管引导气根自然入土成支撑柱保护古榕

第三节　仿树桩支撑柱景观保护

在作者49年园林工作生涯中，设计经历或参与很多仿树桩支撑柱景观保护古树的案例，现整理记录一些案例，与大家共分享，以期对园林古树名木保护，有一些借鉴参考指导意义。

案例1 福州鼓山风景区涌泉寺喝水岩古樟树保护

基本信息： 古樟树，位于鼓山涌泉寺喝水岩观音殿游步道悬崖南侧，一级保护古树，编号闽A00015（晋安），树高16m，胸围4.17m，树冠直径25m，树龄传说500年以上。

古树现状： 福州鼓山风景区逐年地质上升、松动，造成古树地基不稳而倾斜。现古樟树树冠倾斜，主干水平倾斜30°，古樟树下是20~30m的悬崖深涧。树干有腐洞。

保护措施： 设计2组四柱仿树桩钢管斜支撑架保护喝水岩古樟树。为支撑柱结构牢固稳定，采用不同标高的5m×4m×3m高和3m×3m×2.2m高的2级现浇C25钢筋砼阶梯基础平台，支撑高23m的Φ300双组仿树桩钢管支撑柱，双柱之间加Φ200横梁五道，四柱正面做相互斜支撑加强结构稳固，古樟树仿树桩柱面层做樟树皮纹理造型，与环境协调保护景观。

保护效果： 支撑架长久保护古樟树，生长繁茂，惊险壮观，成为历史人文游览景观，引众多游人观赏（图5-96至图5-98）。

▲ 图5-96　鼓山风景区喝水岩古樟树建高23mΦ300双组钢管仿树桩支撑架保护

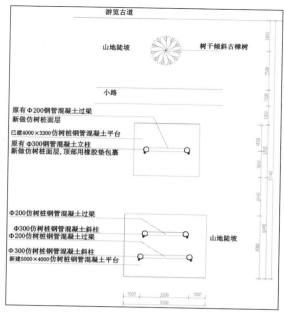

▲ 图5-97 鼓山涌泉寺喝水岩古樟树建仿树桩钢管支撑架保护平面图不同标高的二级现浇C25钢筋砼阶梯基础平台

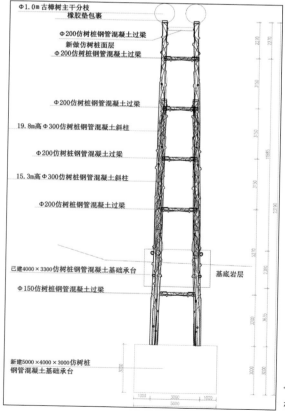

▲ 图5-98 鼓山涌泉寺喝水岩古樟树建仿树桩钢管支撑架保护立面图

案例2 福州鼓山风景区涌泉寺放生池迴龙阁古樟树保护

基本信息： 古樟树，位于福州鼓山风景区涌泉寺迴龙阁放生池南侧，编号闽A0012（晋安），树高20m，胸围4.44m，树冠直径25m，树龄传说500年以上，一级保护古树。

古树现状： 生长良好，雄伟壮观。

保护措施： 建Φ300双柱仿树桩钢管支撑架，采用丛生柱结构，确保安全稳定，每结构立柱丛生2个半柱，Φ200横梁三道，面层做RGC仿樟树皮纹理，达到与自然环境协调。

保护效果： 支撑柱长久保护古樟树，生长繁茂，傲然挺立，成为历史人文游览景观，引众多游人观赏（图5-99至图5-102）。

▶ 图5-99 涌泉寺迴龙阁放生池古樟树北面建Φ300双柱仿树桩钢管支撑架，横梁三道。面层做RGC仿樟树皮纹理造型装饰

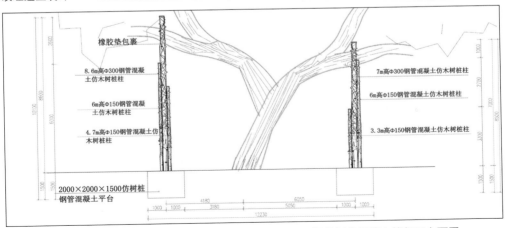

▲ 图5-100 涌泉寺迴龙阁放生池古樟树立Φ300二组仿树桩钢管支撑架正立面图

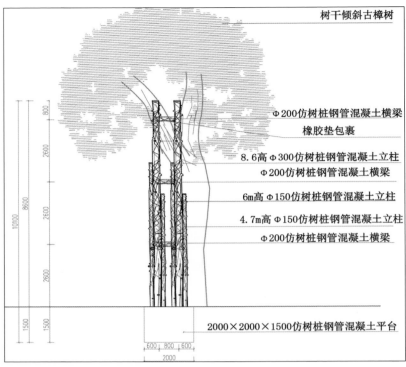

树干倾斜古樟树

Φ200仿树桩钢管混凝土横梁
橡胶垫包裹

8.6高 Φ300仿树桩钢管混凝土立柱
Φ200仿树桩钢管混凝土横梁

6m高 Φ150仿树桩钢管混凝土立柱

4.7m高 Φ150仿树桩钢管混凝土立柱
Φ200仿树桩钢管混凝土横梁

2000×2000×1500仿树桩钢管混凝土平台

▲ 图5-101　涌泉寺迴龙阁放生池古樟树仿树桩钢管支撑架侧面图

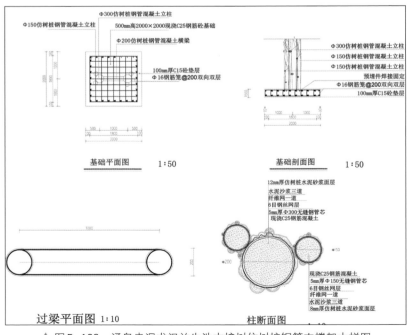

Φ150仿树桩钢管混凝土立柱
Φ300仿树桩钢管混凝土立柱
500mm高2000×2000现浇C25钢筋砼基础
Φ200仿树桩钢管混凝土横梁

100mm厚C15砼垫层
Φ16钢筋笼@200双向双层

Φ300仿树桩钢管混凝土立柱
Φ150仿树桩钢管混凝土立柱
Φ150仿树桩钢管混凝土立柱
预埋件焊接固定
Φ16钢筋笼@200双向双层
100mm厚C15砼垫层

基础平面图　1:50

基础剖面图　1:50

12mm厚仿树桩水泥砂浆面层
水泥沙浆三道
纤维网一层
6目钢丝网层
5mm厚 Φ300无缝钢管芯
现浇C25钢筋混凝土

现浇C25钢筋混凝土
5mm厚 Φ150无缝钢管芯
6目钢丝网层
纤维网一道
水泥沙浆三道
8mm厚仿树桩水泥砂浆面层

过梁平面图　1:10

柱断面图

▲ 图5-102　涌泉寺迴龙阁放生池古樟树仿树桩钢管支撑架大样图

案例3 福州鼓山风景区涌泉寺迴龙阁古朴树保护

基本信息：古朴树，位于福州鼓山风景区涌泉寺迴龙阁放生池东侧台地，树高15m，胸围4.5m，树冠直径25m，树龄传说400年以上。

古树现状：古朴树被风吹歪斜，古朴苍老。

保护措施：建Φ300双柱仿树桩钢筋砼支撑架保护古朴树，Φ200横梁四道，每结构立柱丛生2个半柱确保结构稳定。面层做RGC仿树皮纹理装饰，达到与环境协调。

保护效果：支撑柱长久保护古朴树，免受台风暴雨危害。生长良好，成为历史人文游览景观，引众多游人观赏（图5-103至图5-106）。

建双柱仿树桩钢筋砼支撑架保护古朴树

▶ 图5-103 鼓山风景区迴龙阁古朴树建（横梁四道）Φ300双柱仿树桩钢管支撑架保护景观

▲ 图5-104 鼓山风景区迴龙阁倾斜古朴树建丛柱仿树桩钢管支撑架保护

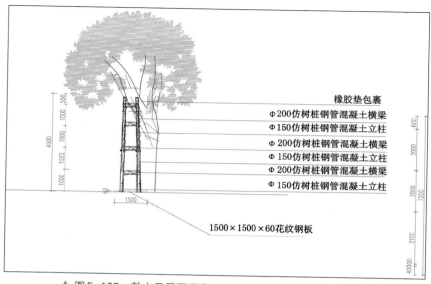

▲ 图5-105 鼓山风景区迥龙阁古朴树仿树桩钢筋砼支撑立面

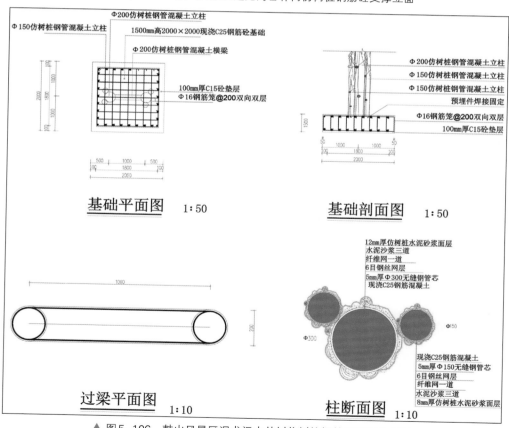

▲ 图5-106 鼓山风景区迥龙阁古扑树仿树桩钢管支撑架大样图

案例4 福州乌山历史风貌区黎公亭古朴树保护

基本信息： 古朴树，位于福州乌山历史风貌区黎公亭西边山坡，编号闽A00159（鼓楼），二级保护古树，树高20m，胸围1.31m，冠幅直径15m。

古树现状： 2012年被台风吹倾斜。古朴苍老。

保护措施： 立Φ300双柱仿树桩钢筋砼支撑柱，仿树桩支撑柱造形如古木，自然协调。

保护效果： 支撑柱长久保护古朴树，免受台风暴雨危害，生长良好（图5-107）。

▲ 图5-107 乌山历史风貌区黎公亭古朴树立Φ300~500双柱仿树桩树形钢筋砼支撑柱保护，仿树桩支撑柱造形如树干，自然协调

案例5 福州钱塘小学南洋杉古树保护

基本信息： 南洋杉古树，位于福州钱塘小学南区篮球场南，编号闽A00090（鼓楼）二级保护古树，原树高15m，冠幅直径10m，胸径1m，胸围3.18m。

古树现状： 2017年被台风吹倾斜，压教学楼屋檐边，折断主枝，现树高9m，冠幅缩小。

保护措施： 立Φ300双柱仿树桩钢管支撑柱保护，加二道横梁，中部立Φ200斜支撑柱，自身形成三角支撑保护架，维护南洋杉古树稳定。

保护效果： 支撑柱长久保护南洋杉树体稳定，免受台风暴雨危害，生长良好（图5-108至图5-114）。

▶ 图5-108　钱塘小学南洋杉古树支撑保护正面

▲ 图5-109　钱塘小学南洋杉古树保护景观侧面

▲ 图5-110　钱塘小学南洋杉古树立Φ300双柱钢管支撑架护侧面景观，中部斜支撑柱，自身形成三角支撑保护架，维护南洋杉古树稳定

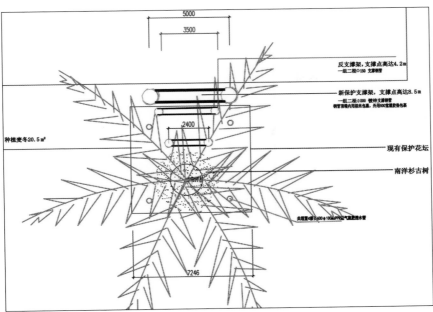

▲ 图5-111　钱塘小学南洋杉古树保护设计支撑架平面图

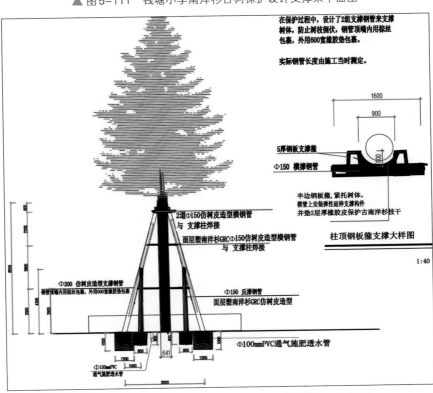

▲ 图5-112　钱塘小学南洋杉古树保护设计支撑架正立面图

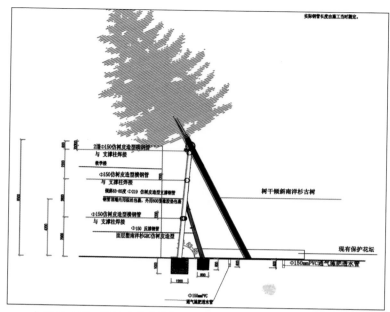

▲ 图5-113 钱塘小学南洋杉古树保护仿树桩设计支撑架侧立面图

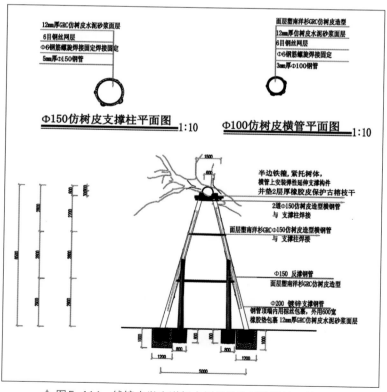

▲ 图5-114 钱塘小学南洋杉古树保护仿树桩设计支撑架剖

案例6 福州仓山时代中学异叶南洋杉古树保护

基本信息： 异叶南洋杉古树，位于福州仓山时代中学生物池东北（原福建师范大学生物系校园），编号闽A00009（仓山），一级保护古树，树高35m，胸围3.5m，冠幅直径21m，树龄150年，福州树龄最长异叶南洋杉。

古树现状： 2017年被台风吹倾斜，生长良好，枝繁叶茂。

保护措施： 立Φ300高23.8m仿树桩双柱钢管支撑柱保护，加六道横梁，中部立斜支撑柱，自身形成三角支撑保护架，维护异叶南洋杉古树稳定。

保护效果： 支撑柱长久保护异叶南洋杉，免受台风暴雨危害，苍翠挺拔，雄伟壮观，成为历史人文旅游景观（图5-115至图5-122）。

▲ 图5-115 福州仓山时代中学异叶南洋杉古树保护正立面景观

▲ 图5-116 福州仓山时代中学异叶南洋杉古树保护古树保护基础墩景观

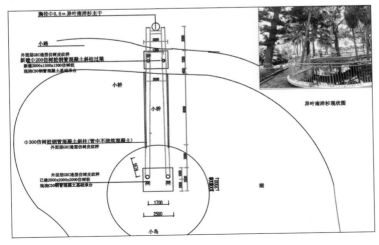

► 图5-117 福州仓山时代中学异叶南洋杉古树灾后重建保护设计平面图

▲ 图5-118 福州仓山时代中学异叶南洋杉古树高23mΦ300仿树桩双柱钢管支撑柱保护侧面景观

▲ 图5-119 南洋杉保护仿树桩支撑柱面层景观

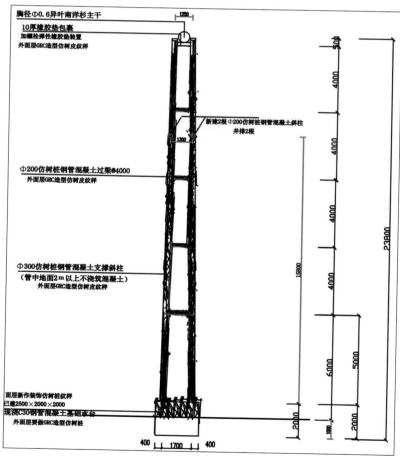

▲ 图5-120 异叶南洋杉古树主支撑柱保护设计正立面图

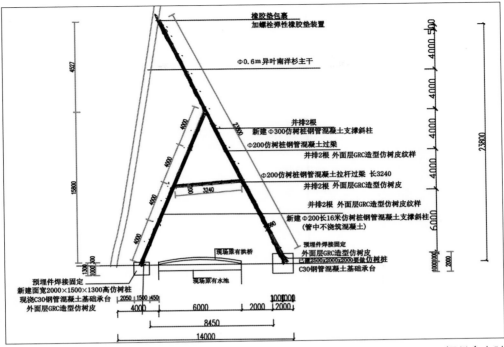

橡胶垫包裹
加螺栓弹性橡胶垫装置

Φ0.6m异叶南洋杉主干

并排2根
新建Φ300仿树桩钢管混凝土支撑斜柱

Φ200仿树桩钢管混凝土过梁

并排2根　外面层GRC造型仿树皮纹样

Φ200仿树桩钢管混凝土拉杆过梁　长3240

并排2根　外面层GRC造型仿树皮

并排2根　外面层GRC造型仿树皮纹样

新建Φ200长16米仿树桩钢管混凝土支撑斜柱
（管中不浇筑混凝土）

现场原有拱桥

预埋件焊接固定
外面层GRC造型仿树皮
新建面宽2500×2000×2000要做仿树桩
C30钢管混凝土基础承台

现场原水池

预埋件焊接固定
新建面宽2000×1500×1300高仿树桩
现浇C30钢管混凝土基础承台
外面层GRC造型仿树皮

▲ 图5-121　福州仓山时代中学异叶南洋杉古树仿树桩保护设计侧立面图

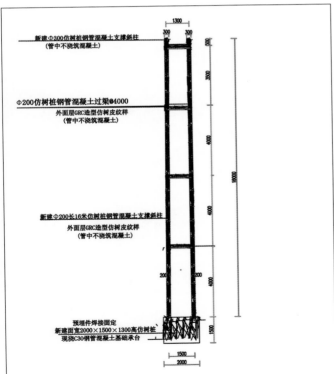

新建Φ300仿树桩钢管混凝土支撑斜柱
（管中不浇筑混凝土）

Φ200仿树桩钢管混凝土过梁@4000
外面层GRC造型仿树皮纹样
（管中不浇筑混凝土）

新建Φ200长16米仿树桩钢管混凝土支撑斜柱
外面层GRC造型仿树皮纹样
（管中不浇筑混凝土）

预埋件焊接固定
新建面宽2000×1500×1300高仿树桩
现浇C30钢管混凝土基础承台

◀ 图5-122　福州仓山时代中学异叶南洋杉古树仿树桩反斜支撑柱保护设计立面图

案例7 福州金山省气象防灾中心古朴树支撑保护

基本信息：古朴树，位于福州金山省气象防灾中心草坪，原建新镇建中百花场内，编号闽A0001（仓山），一级保护古树，树高22m，胸围3.82m，冠幅直径25m。

古树现状：2017年被台风吹折一主枝，树体倾斜，现生长良好。

保护措施：在道路边立Φ300双柱仿树桩钢管支撑柱保护（仿树桩钢管支撑柱面层施工完成后Φ360），设立Φ200钢管横梁四道（面层施工完成后Φ260），以保证支撑柱自身安全稳定，面层做RGC仿榕树皮装饰，以求与自然环境景观协调。

保护效果：支撑柱长久保护古朴树，免受台风暴雨危害。苍翠挺拔，雄伟壮观，成为历史人文旅游景观（图5-123至图5-130）。

▲ 图5-123 省气象防灾中心建双柱仿树桩钢管支撑柱保护古朴树近景观

▲ 图5-124 省气象防灾中心一级保护古朴树，仿树桩钢管支撑柱保护全景观

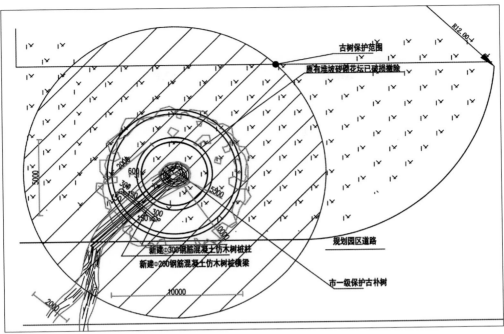

▲ 图5-125 省气象防灾中心古朴树保护设计平面

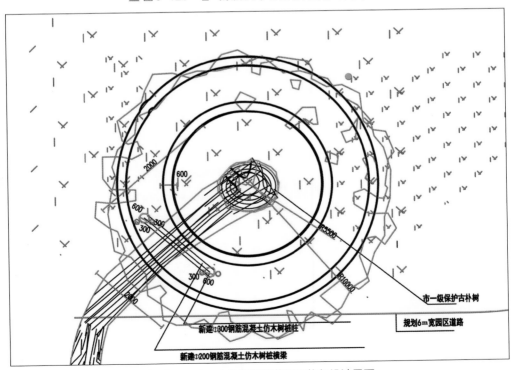

▲ 图5-126 古朴树保护花坛支柱架设计平面

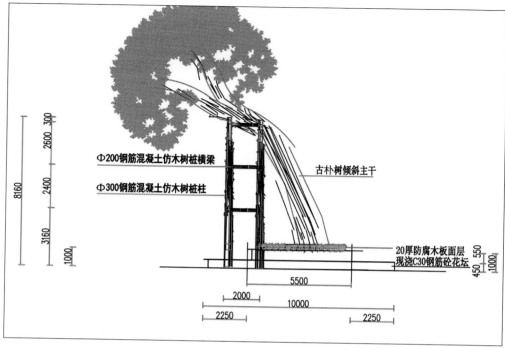

▲ 图5-127　古朴树保护设计正立面

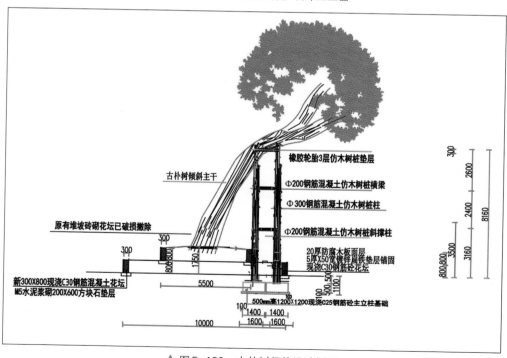

▲ 图5-128　古朴树保护设计剖面

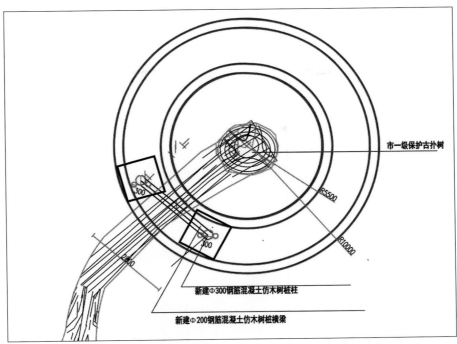

▲ 图5-129 古朴树保护支柱架基础设计平面

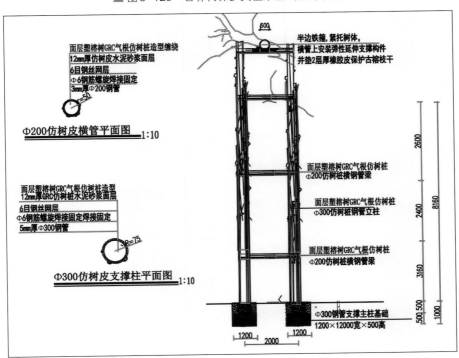

▲ 图5-130 古朴树保护支柱架结构设计剖面

案例8 福州西湖公园西湖书院秋枫和榕树古树保护

基本信息：秋枫古树，位于福州西湖公园西湖书院内屏风墙内。树高18m，胸围3.64m，冠幅直径18m；古榕树，位于福州西湖公园西湖书院外路边，树高17m，胸围4.64m，冠幅直径17m。

古树现状：前几年秋枫与榕树被台风吹倾斜，现长势良好，苍翠挺拔。

保护措施：秋枫立Φ200双柱仿树桩钢管支撑柱，设2个钢筋砼基础墩，双柱间架2条横梁。榕树立外包棕皮钢管支撑柱，并引导气根入土成支撑柱保护古榕。

保护效果：支撑柱长久保护秋枫和榕树古树，免受台风暴雨危害，雄伟壮观，成为历史人文旅游景观（图5-131至图5-137）。

◀ 图5-131 福州西湖公园西湖书院秋枫古树被台风吹倾斜，现长势良好

◀ 图5-132 立仿树桩钢管支撑柱保护秋枫古树全景

立梯形双柱仿树桩支撑柱保护秋枫

▲ 图5-133　西湖公园西湖书院秋枫古树立 Φ200 双柱仿树桩钢管支撑柱，长久保护秋枫，免受台风暴雨危害

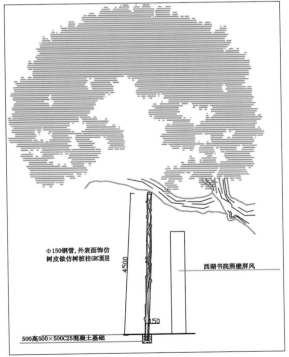

Φ150钢管，外表面饰仿树皮做仿树桩柱GRC面层

4500

Φ150

西湖书院照壁屏风

500高500×500C25混凝土基础

◀ 图5-134　西湖公园西湖书院秋枫古树保护设计立面

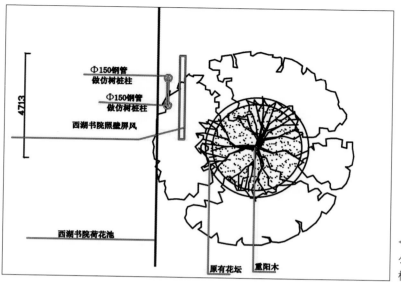

▲ 图5-135 西湖公园西湖书院秋枫古树保护设计平面

▲ 图5-136 西湖公园西湖书院秋枫古树保护设计正立面

外包棕皮钢管支撑架保护被风吹歪斜古榕

竹管引导气根入土

▲ 图 5-137　西湖公园西湖书院外立外包棕皮钢管支撑柱保护被风吹歪榕树景观，并引导气根入土成支撑柱保护古榕

案例9 福州鼓楼白马路西关水闸旁印度白檀古树保护

基本信息： 印度白檀古树名木，位于鼓楼区白马路西关水闸旁中分车带上，编号闽A00015（鼓楼），一级保护古树，树高23m，胸围3.04m，冠幅直径25m，树龄推测350年，应在清朝乾隆之后种植。原种植地点在福州古城西关水闸南侧城墙内。

古树现状： 白檀树像驼背老人，树体往东倾斜，粗厚树皮上不规则裂痕深达1cm。

保护措施： 被列为珍稀古树名木保护。为防台风暴雨，建造8m高梯形钢筋砼支撑架保护，仿树桩面层，二道横梁。

保护效果： 支撑柱长久保护印度白檀，苍翠挺拔，雄伟壮观。相传该白檀为印度佛教徒不远万里带来树种，在福州播种发育，它是福州对外交往的历史见证，也是中印睦邻友好往来的象征。白檀古树成为优美的历史人文生态旅游景观资源（图5-138至图5-139）。

◀ 图5-138 印度白檀位于白马路西关水闸旁马路，一级保护古树，树高23m，胸围3.04m

◀ 图5-139 立8m高梯形钢筋砼支撑架保护，仿树桩面层，二道横梁

案例10 福州鼓山风景区放生池闽润楠古树保护

基本信息：闽润楠，位于福州鼓山风景区放生池东侧坎上，编号闽A00017（晋安），一级保护古树，树高18m，胸围3.14m，冠幅直径22m，树龄推测350年。

古树现状：闽润楠被台风吹歪，树体往西倾斜，生长良好。

保护措施：为防台风暴雨危害，建造8m高并立3根仿树桩钢管支撑柱保护闽润楠主干。

保护效果：支撑柱保护闽润楠，苍翠挺拔，雄伟壮观，成为优美的历史人文旅游景观资源（图5-140至图5-143）。

▲ 图5-140 立仿树桩支撑架保护闽润楠

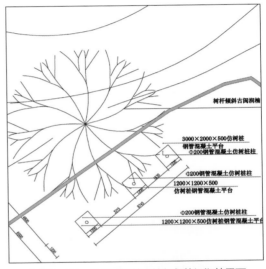

▲ 图5-141 仿树桩钢管支撑架保护闽润楠平面

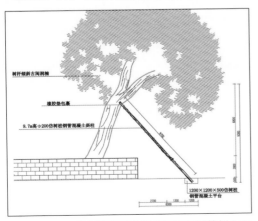

▲ 图5-142 仿树桩钢管支撑架保护闽润楠侧立面

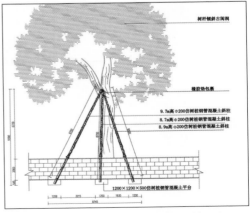

▲ 图5-143 仿树桩支撑架保护闽润楠正立面

第四节　运用景观物支撑保护

运用景观物体来支撑保护古树名木，比用支撑柱来保护古树名木的环境景观效果要优美自然协调，也更有园林历史文化内涵；如建连桂坊碑亭支撑保护古秋枫、建假山支撑宋荔。

案例1　福州东街口市电信局东门连桂坊景观亭支撑秋枫保护

基本信息：古秋枫，位于福州东街口市电信局东门口，别名过冬梨，编号闽A00005（鼓楼），一级保护古树，树高15m，冠幅直径11m，胸围5.47m。据冶山"过冬梨记"摩崖石刻记载，树龄有千年。此地宋代有兄弟连续登科建坊的历史文化古迹，故名连桂坊。

古树现状：树干皮有众多树瘤，有高1m腐洞，有笔管榕寄生，树体苍翠挺拔。

保护措施：①2007年环境提升扩建保护绿地。②建连桂坊碑亭保护秋枫，顶梁支撑秋枫主干。

保护效果：碑亭长久保护古秋枫，免受台风暴雨危害，雄伟壮观，欣逢太平盛世，形成古树优美的历史人文生态观赏景观环境（图5-144）。

▲ 图5-144　东街口市电信局东门古秋枫编号闽A00005（鼓楼），一级保护古树，高15m，冠幅径11m，建连桂坊碑亭支撑保护古秋枫

案例2　福州西禅寺假山支撑保护宋荔

基本信息：宋荔古树，位于福州西禅寺报恩塔南侧，西禅寺僧勒石认定为宋荔，编号闽A00018（鼓楼），一级保护古树，树高7m，冠幅直径6m，胸围2.35m。

古树现状：主干中心枯朽，宋荔靠只有0.10m厚树干皮层顽强生长，古朴沧桑奇特。

保护措施：①砌古荔树花坛，进行生态环境改造。②建水池假山支撑宋荔主干，保护宋荔。

保护效果：宋荔生长环境改善，现枯木逢春，年年结果，遗憾的是花坛偏小，宋荔生长空间偏小。宋荔历史文化深厚，欣逢太平盛世，形成古树名木优美的历史人文生态景观环境（图5-145）。

▲ 图5-145　西禅寺报恩塔前宋荔枝，编号闽A00018（鼓楼），一级保护古树，树高7m，冠幅直径6m，胸径2.35m。在宋荔边建水池假山支撑主干，生长有很大改善，现枯木逢春，年年结果

案例3 福州鼓楼能补天益善堂抱石古榕树保护

基本信息： 益善堂抱石古榕树，位于福州鼓楼能补天巷广峰境益善堂后砖围墙上，二级保护古树，闽A00118(鼓楼)，胸围10m，高21m，冠幅800m²，树龄200年多。

古树现状： 古树被风吹歪斜，气根攀墙生长形成榕根墙，生长繁茂，与自然环境协调美观。

保护措施： ①在益善堂屋顶立高6～8m高矮双方柱钢筋砼支撑柱保护古榕树主干。②顺应自然，导引气根攀墙抱石，形成宽9m榕根墙，壮观奇特。

保护效果： 2种措施，长久保护鼓楼能补天益善堂古榕树，枝叶繁茂，榕荫下是百姓休闲娱乐健身祭祀广场，成为优美历史人文游览景观（图5-146至图5-148）。

◀ 图5-146 福州鼓楼能补天益善堂古榕树导引气根攀墙抱石，形成宽9m壮观奇特榕根墙

▲ 图5-147 鼓楼能补天巷广峰境益善堂砖围墙上古榕，二级保护

▲ 5-148 益善堂屋顶立高6～8m高矮双柱钢筋砼支撑柱保护古榕树主干

第六章

各种榕树简介

本书所介绍的榕树为榕属榕树种群，包括榕树（*Ficus microcarpa*）、雅榕（*Ficus concinna*）、无柄小叶榕（*Ficus concinna* var. *subsessilis*）、高山榕（*Ficus altissima*）、大叶榕（*Ficus virens*）（别名：黄葛树）、笔管榕、橡胶榕、菩提树、垂叶榕（*Fincus benjamina*）柳叶榕、大琴叶榕等榕属种群。

第一节　榕树（*Ficus microcarpa*）

形态： 常绿大乔木，高可达30m，冠幅直径达20m，树冠半球形，材质乳白，有乳汁。花期5~6月，果期9~10月。单叶互生，椭圆形，革质，全缘，羽状脉5~10对，近叶缘处网结。

识别要点： 树皮灰白，须状气根悬垂，入土形成粗壮支柱根。叶长4~8cm，先端钝尖，基部楔形。隐花果腋生，总花梗长1~3mm。

园林景观用途： ①做园景树。树姿高大雄伟壮观。在公园、风景区、城市广场、街头绿地、庭园、高速公路、工矿区、居住区绿地，可孤植、对植、丛植、群植造景观赏。②孤植、树阵群植做庭荫树观赏。③列植做行道树观赏。为南方城市行道树主要树种。④群植片林做风景林观赏。⑤盆栽桩景观赏。⑥列植河湖水滨观赏。⑦盆栽室内观叶树。

生态习性： 华南地区广泛分布。适宜在北纬26℃以南，年平均温度19℃；1月平均温度10.5℃地区栽培（图6-1、图6-2）。

▶ 图6-1　福州市裴仙宫千年古榕四季常绿景观图

▶ 图6-2　东街榕树做道路行道树列植景观

一、黄金榕（*Ficus microcarpa* 'Golden Leaves'）

观叶园景树，叶片靓丽金黄色（图6-3）。

▲图6-3　光明港公园黄金榕叶片靓丽金黄色

二、金钱榕（*Ficus microcarpa var.crassifolia*）

形态： 常绿乔木，高15m，冠幅直径20m，树冠半球形。材质乳白，有乳汁。花期5～6月，果期9～10月。单叶互生，全缘，羽状脉5～10对，近叶缘处网结。

识别要点： 树冠密集半球形。须状气根悬垂，入土形成粗壮支柱根。叶卵圆形，厚革质，具蜡质，折叶片有响声，隐花果腋生，总花梗长1～3mm。

园林景观用途： ①做园景树。珍稀树种，树冠圆球形，在公园、风景区、城市广场、街头绿地、庭园、高速公路、居住区绿地，孤植、对植、丛植、群植造景观赏。②孤植、树阵群植做庭荫树观赏。③列植做行道树观赏。④列植河湖水滨观赏。⑤盆栽桩景与室内观叶树观赏。

生态习性： 喜光照充足环境，适宜在北纬26℃以南，年平均温度19℃，1月平均温度10.5℃地区栽培（图6-4、图6-5）。

◀图6-4　福州光明港公园路边丛植金钱榕景观，树冠集束半球形

◀图6-5　金钱榕叶椭圆形，厚革质

第二节 雅榕（*Ficus concinna*）

形态： 常绿乔木，高20m。叶椭圆形至倒卵状长圆形，先端钝尖，基部楔形，全缘，叶柄长0.5~2.5cm，上面有纵沟。花序托成对或单个腋生，球形，径5~8mm，黄色或红紫色。花果期5~11月。

识别要点： 须状气生根缠绕树干向下生长。树皮红褐色，块状脱落，木质部红褐色，叶薄革质，长3.5~10cm，宽1.8~5cm，网脉两面明显，梗短，1~2mm。

园林景观用途： ①做园景树。树冠广阔，树姿优美，在公园、风景区、城市广场、街头绿地、庭园、高速公路、工矿区、居住区绿地，可孤植、对植、丛植、群植造景观赏。②孤植做庭荫树观赏。③列植做行道树观赏。④群植片林做风景林观赏。⑤盆栽观赏。⑥水边栽植观赏。

生态习性： 在闽浙沿海地区广泛分布。适宜北纬29℃以南，年平均温度17℃；1月平均温度5~6℃地区栽培，比榕树更耐寒（图6-6至图6-8）。

◀ 图6-6 福州国家森林公园榕树王景观

▲ 图6-7 永泰梧桐春光村榕水湾雅榕大树，创造乡村休闲旅游生态环境

▲ 图6-8 福州闽侯鸿尾凤山寺大雅榕树，树干苍老古朴

无柄小叶榕（*Ficus concinna var. subsessilis*）

形态： 常绿乔木，高20m。叶椭圆形至倒卵状长圆形，先端钝尖，基部楔形，全缘，叶柄长0.5cm，上面有纵沟。花序托成对或单个腋生，球形，径5~8mm，黄或红紫色，花果期5~11月。气根缠树干少，特别耐寒，分布在温州一带。

识别要点： 须状气生根缠绕树干向下生长。树皮红褐色，块状脱落，木质部红褐色；叶薄革质，长3.5~10cm，宽1.8~5cm，网脉两面明显，无叶梗。

园林景观用途： ①做园景树。树冠广阔，树姿优美，可在公园、风景区、城市广场、街头绿地、庭园、高速公路、工矿区、居住区，孤植、对植、丛植、群植造景观赏。②孤植做庭荫树观赏。③列植做行道树观赏。④群植片林做风景林观赏。⑤盆栽观赏。⑥水滨栽植观赏。

生态习性： 在闽浙沿海地区广泛分布。为温州市树。适宜北纬29℃以南，年平均温度17℃；1月平均温度5~6℃地区栽培，比小叶榕更耐寒（图6-9至图6-11）。

◀ 图6-9　温州新桥千年无柄小叶榕古树景观，为最美浙江榕树王

▲ 图6-10　温州新桥"最美浙江榕树王"千年无柄小叶榕，树干苍老古朴，块状脱落

▲ 图6-11　宁波普陀山无柄小叶榕，树干皮红褐色，茁壮生长

第三节 高山榕（*Ficus altissima*）

形态：常绿乔木，高30m，树冠开展，干皮银灰色，枝叶茂密，叶色翠绿，椭圆形或卵状椭圆形，长10～20cm，宽5～10cm，先端钝，基部圆形，有光泽。气根多，花期3～4月，果期5～7月。

识别要点：叶厚革质，基部三出脉，比印度橡皮树叶小，侧脉5～7对。隐花果卵圆形，无梗，熟红色转橙黄色，径2cm，成对腋生。

园林景观用途：①做园景树。树冠高大开展，红果多而美丽。在公园、风景区、城市广场、街头绿地、庭园、高速公路、工矿区、居住区绿地，孤植、对植、丛植、群植造景观赏。②孤植、树阵群植做庭荫树观赏。③列植做行道树观赏，是南方城市行道树主要树种。④群植片林做风景林观赏。⑤盆栽桩景观赏。做室内观叶树。⑥植河湖水滨观赏。

生态习性：华南地区广泛分布乡土树种，生长快，树冠大，四季常青，气生根入土形成"支柱根"，形似丛林，是长势旺盛、病虫害少的优良园林绿化树种。适宜在北纬26 ℃以南，年平均温度19℃，1月平均温度10.5℃地区栽植（图6-12、图6-13）。

斑叶高山榕（*Ficus altissima* 'Golden Edged'）

叶面有金黄斑色彩（图6-14）。

▲图6-12 福州晋安河公园边高山榕列植景观　▲图6-13 高山榕果与叶　▲图6-14 斑叶高山榕叶面有金黄斑

第四节　大叶榕（*Ficus virens*）

形态： 半常绿大乔木，高26m，树冠宽阔，全缘，无毛，坚纸质，叶长8~22cm，宽3~8cm，侧脉7~10对；叶卵状长椭圆形，互生，先端尖，基部圆形或宽楔形，三出脉，托叶长带形。树有乳汁。隐花果球形，单生或成对腋生，径5~7mm，黄色或红色。

识别要点： 树皮块状纵裂，叶面与叶柄交接处有关节，无总花梗。气根缠绕树干往下生长。

园林景观用途： ①做园景树。叶色翠绿，树大荫浓。在公园、风景区、城市广场、街头绿地、庭园、高速公路、工矿区、居住区绿地，孤植、对植、丛植、群植造景观赏。②孤植、树阵群植做庭荫树观赏。③列植做行道树观赏。为南方城市行道树绿化主要树种。④列植河湖水滨观赏。⑤群植片林做风景林观赏。⑥盆栽桩景观赏。是重庆市树，广泛种植。

生态习性： 主产华南与西南，在中国西南地区广泛分布。适宜北纬29℃以南，年平均温度17℃；1月平均温度5~6℃地区适宜栽培。比榕树更耐寒（图6-15至图6-18）。

▲ 图6-15 大叶榕浓荫形成福州儿童公园林荫路　　▲ 图6-16 福州晋安河公园路口大叶榕浓荫创建休闲娱乐健身环境　　▲ 图6-17 大叶榕叶片椭圆形　　▲ 图6-18 福州晋安河公园路大叶榕气根缠树干景观

第五节　笔管榕（*Ficus subpisocarpa*）

形态：常绿乔木，高17m，无毛，叶互生，坚纸质，长椭圆状卵形，长4.5~13.5cm，宽1.2~7.5cm，网脉两面不明显，端部与叶基部多钝圆形，基生脉3条，侧脉5~10对，在近叶缘连结，叶长1.5~6cm。

识别要点：无悬垂气根，气根缠绕老树树干，花序托单个或成双腋生，或簇生已落叶小枝干。隐花果近球形，直径7~10mm，熟黄色或紫黑红色。总花梗长3~6mm，花果期全年，新芽状如毛笔头故名笔管榕。

园林景观用途：①做园景树。②作水边风景树。喜在水边生长，民间俗称笔管榕为水榕。在福州生长历史悠久，福州古城内河道安泰河畔及三捷河附驳岸岩壁长有历史悠久的古榕。福州安泰河边有高15m，冠幅400m²以上的大树。③盆景材料。④叶能治漆过敏，有解毒杀虫功效。

生态习性：适应性强，耐湿、耐修剪、耐烟尘。多生水边及岩壁。每当春夏之际，沿干着生榕籽，熟后黑红色，遇风如雨落地，旧叶也落去大部分，夏初则换长新叶，树冠如旧，分布于福建、台湾、广东、广西、云南等地（图6-19至图6-22）。

▶图6-19　光明港公园笔管榕气根盘缠树干景观

▲图6-20　福州安泰河岸高14m笔管榕大树

▲图6-21　笔管榕叶片长椭圆状卵形，互生

▲图6-22　笔管榕树干结果

第六节　橡胶榕（*Ficus elastica* Ro）

形态： 常绿大乔木，高25m，有丰富乳汁，无毛，侧脉针形，淡紫红色，包被顶芽，脱落后有环状疤痕。花序托无梗，成对腋生，卵状长圆形，长1.2cm，直径5~8mm，熟黄色。

识别要点： 有气根，叶大厚革质，长椭圆形，长10~30cm，宽3.5~13.5cm，端短渐尖，全缘，叶面有光泽，中脉粗壮，在叶下有时呈紫红色，托叶大包被顶芽。

园林景观用途： ①做园景树。叶色翠绿，树大荫浓。在公园、风景区、城市广场、街头绿地、庭园、高速公路、工矿区、居住区绿地，孤植、对植、丛植、群植造景观赏。②孤植、树阵群植做庭荫树观赏。③列植做行道树观赏。为南方城市行道树绿化主要树种。④列植河湖水滨观赏。⑤做风景树，群植片林做风景林观赏。⑥北方多作观叶树盆栽观赏。

生态习性： 喜光，喜高温多湿环境，适应性强，耐湿、耐修剪，不耐寒。我国南部各地常见栽培，福建福州、泉州、厦门有自然生长大树（图6-23至图6-25）。

◀图6-23　福州光明港公园滨水步行道茂密橡胶榕列植景观

▲图6-24　橡胶榕大树结红果与枝叶景观

▲图6-25　光明港公园滨水步行道橡胶榕丛生树干景观

黑叶橡皮树（*Ficus elastica* 'Decora Burgundy'）

乔木。叶面紫黑，叶背紫红，观叶佳品，做园景树观赏（图6-26至图6-28）。

◀ 图6-26　永泰嵩口镇黑叶橡皮树盆栽景观

▲ 图6-27　黑叶橡皮树孤植景观

▲ 图6-28　黑叶橡皮树叶面紫黑，叶背紫红

第七节 菩提树（*Ficus religiosa*）

形态：常绿大乔木，高约16m，无毛，花序托无毛，成对或单生叶腋，近环形，隐花果直径1cm，无总花梗，雄花、虫瘿花和雌花生于同一花序托中，花果期11~12月。

识别要点：无气根。叶大，互生，薄革质，三角状卵圆形，长8~18cm，宽5.5~13cm，端急尖并延长成长尾状，基部截形成心脏形，基生脉3~5条，侧脉6~8对，叶梗长6~13cm。

园林景观用途：①做园景树。在公园、风景区、城市广场、街头绿地、庭园、高速公路、居住区绿地，孤植、对植、丛植、群植造景观赏。②孤植、树阵群植做庭荫树观赏。③列植做行道树观赏。④列植河湖水滨观赏。⑤做风景树，群植做风景林观赏。⑥栽寺庙做主景观赏。

生态习性：喜光，喜高温多湿气候，适应性强，耐湿、耐修剪，原产印度，我国南方广泛栽培（图6-29至图6-32）。

▲图6-29 福州鼓楼区国光公园菩提大树孤植景观

▲图6-30 福州古田路人行道列植菩提树景观

▶ 图6-31　福州潘墩路行道树列植菩提树景观

▶ 图6-32　菩提树叶端急尖并延长成长尾

第八节 垂叶榕（*Ficus benjamina*）

形态：乔木，高15m，叶互生，革质，椭圆形，长4~10cm，宽2~6cm，花序托球形，幼时不为基生苞片所包，可扦插繁殖，有斑叶、花叶等4个品种。

识别要点：叶稠密下垂，叶缘有波纹，无总花梗。

园林景观用途：①做园景树。在公园、风景区、城市广场、街头绿地、庭园、高速公路、工矿区、居住区绿地，对植、丛植、群植造景观赏。②树阵群植做庭荫树观赏。③列植做行道树观赏。④列植河湖水滨观赏。⑤做风景树，群植片林做风景林观赏。⑥耐阴可作室内观叶盆栽。

生态习性：喜光，喜高温多湿气候，适应性强，耐湿、耐修剪、耐阴，适宜北纬27℃以南，生育适温22~30℃，1月平均温度7~8℃地区栽培（图6-33至图6-35）。

一、月光垂叶榕（*Ficus benjamina* 'Reginald'）

小乔木，叶片具乳白斑色彩（图6-36）。

▶ 图6-33
福州远洋路边停车场垂榕隔离墙景观

◀ 图6-3
福州福兴大
路边绿地垂
柱景

▶ 图6-35
宽30m高8m
垂榕景墙成为
福州江滨大道
靓丽景观

◀ 图6-3
月光垂榕叶
乳白斑色彩

二、金叶垂叶榕（*Ficus benjamina* 'Golden Leaves'）

形态： 常绿小乔木。树高4m，<u>丛生灌木状</u>，有气根，果球形，径1.2cm，熟后黑色。

识别要点： 叶片金黄色。叶稠密下垂，革质互生，叶长椭圆状，长8～12cm，宽5-6cm，全缘，叶背主脉凸出，先端尖，叶柄细。

园林景观用途： ①做园景树。在公园、风景区、城市广场、街头绿地、庭园、高速公路、工矿区、居住区绿地，对植、丛植、群植造景观赏。②树阵群植做庭荫树观赏。③列植做绿篱观赏。④列植河湖水滨观赏。⑤片植做绿带观赏。

生态习性： 喜强光，喜高温多湿气候，适宜在北纬26℃以南，年平均温度19℃；冬季要防霜冻。原产热带和亚热带地区，光照充足，生长旺盛。耐修剪。扦插繁殖易成活，在春、夏、秋三个季节均能进行（图6-37）。

▲图6-37 金叶垂叶榕叶片金黄色，<u>丛生灌木</u>

三、瘤枝榕（*Ficus maclellandi*）

形态： 常绿乔木。树高15～20m，，树干气根紧密集聚，叶革质互生全缘，先端尖，叶柄细，稠密下垂。果球形腋生，径1.2cm，熟后黑色。。无总梗。

识别要点： 叶有2种形态，新叶长披针形，长 5～16cm，宽3～5cm；老叶长椭圆状，长 6～20cm，宽5～8cm，叶背主脉凸出，边缘反卷，新叶初暗红色。树皮有瘤体。

园林景观用途： ①做园景树。在公园、风景区、城市广场、街头绿地、庭园、高速公路、工矿区、居住区绿地，对植、丛植、群植造景观赏。②树阵群植做庭荫树观赏。③列植河湖水滨观赏。④群植片林做风景林观赏。

生态习性： 喜光，喜高温多湿气候，适宜在北纬26℃以南，年平均温度19℃；产热带和亚热带地区，光照充足，生长旺盛，耐修剪（图6-38至图6-40）。

▲ 图6-38　福州融侨东区瘤枝榕水滨生长高15m景观

▲ 图6-39　福州国光公园瘤枝榕老叶长椭圆状

▲ 图6-40　融侨东区瘤枝榕树干皮长瘤体

四、柳叶榕（*Ficus binendjkii*）

形态： 常绿小乔木。树高5～7m，叶革质互生，先端尖，稠密下垂。

识别要点： 叶长披针形，长5～16cm，宽3～5cm（图6-41、图6-42）。

▲图6-41　福州国光公园柳叶榕常绿小乔木

▲图6-42　柳叶榕叶长披针形

第九节　大琴叶榕（*Ficus lyrata*）

状态：常绿大乔木。树高可达20m以上，树冠广阔，枝叶茂密，气根少。

识别要点：叶片宽阔，状如倒提琴状，密集，厚革质。

园林景观用途：①做园景树。在公园、风景区、城市广场、街头绿地、庭园、高速公路、工矿区、居住区草坪绿地，对植、丛植、群植造景观赏。②列植做行道树观赏。③做观叶树盆栽观赏。

生态习性：喜光，喜高温多湿气候（图6-43至图6-45）。

▶ 图6-43　福州融侨东区大琴叶榕做观赏庭荫树

▲ 图6-44　光明港公园大琴叶榕做观赏园景树

▲ 图6-45　大琴叶榕叶片宽阔，状如倒提琴状

附 录

福州市著名古榕调查表

序号	树名	位置	树高（m）	冠幅（㎡）	胸围（m）	树龄及保护等级	备注
1	龙墙榕	福州市安泰河朱紫坊河沿30号	25	775	5.2	一级保护	▲根部形成龙墙，十大古榕
2	榕树王（雅榕）	福州市北森林公园	20	1450	10.2	930年，一级保护	▲树冠全市榕最大，十大古榕
3	裴仙宫古榕	裴仙宫后院闽A00007（鼓楼）	30	1056	14.6	1000年，一级保护	▲树干胸围全市最大，十大古榕
4	华林路环岛榕	华林路省府门闽A00008（鼓楼）	20	800	5.4	1000年，一级保护	▲在华林路环岛 十大古榕
5	将军榕	鼓楼洪山原厝69号闽A00139（鼓楼）	16	1056	11	400年，一级保护	▲生长好，十大古榕
6	苔泉古榕	苔泉古井闽A00009（鼓楼）	18	870	6.4	近千年，一级保护	▲宋太守蔡题"苔泉"古榕闻名
7	卫校古榕	麦园路市卫校球场边	20	1120	10.0	140年，一级保护	▲原美国领事馆院内
8	三宝古榕	闽江三宝寺闽A00001（台江）	18	700	4.9+55+5	一级保护	十大古榕
9	船政塔榕	罗星塔公园闽A00001（马尾）	18	500	7.54	一级保护	十大古榕
10	福建榕树王	闽侯青口东台下社村	24.45	2100	4.73	福建榕树王	树龄1511年，跨14.6榕树门洞
11	双龙戏风榕	鼓楼五一路水部铁道大厦外路边	15	460	5.5	一级保护十大奇榕	▲榕树与笔管榕、重阳木三树共生
12	寿岩榕	于山补山精舍闽A00012（鼓楼）	18	1088	6.8	一级保护十大奇榕	▲1836年祝寿，刻"寿"字在巨岩
13	编网榕	台江福四中校园闽A00033（台江）	15	500	3.2	十大奇榕	▲树从越王庙墙上拆移来
14	宋帝榕	林浦村泰山庙（宋端宗行官）门前	16	288	4.5	500年十大古榕	▲明代修行宫为泰山庙，市级文物保护
15	宋帝榕	林浦村泰山庙（宋端宗行官）门前	16	21×18=378	3.6	500年十大古榕	▲明代修行宫泰山庙，市级文物保护
16	海潮古榕	鼓楼五一路边海潮寺	18	240	4	千年古榕一级保护	传说唐朝程咬金植十大古榕
17	月朗风清古榕	于山月朗风清巨岩边	16	400	3.4	十大古榕	▲郡守李题名闻名
18	合抱榕	杨桥路双抛桥边	25	900	5	一级保护	▲纪念一对生死相爱恋人十大古榕
19	雅榕	新店板中龙峰正境	22	1056	8	十大奇榕	▲伞形榕树王长势好
20	甲天下古榕	建新高宅甲天下古榕	20	950	9	千年古榕一级保护	▲临闽江岸生长十大奇榕
21	雅榕	闽侯甘蔗叶洋	23	1300	15		▲紧临闽江岸生长势好

鼓楼区一级古树名木目录（2020年7月）

序号	编号	树种	树围（m）	树高	乡镇街道	生长地点	古树	名木
1	闽A00001（鼓楼）	樟树	4.9		鼓楼区	鼓东街道	湖东路中旅大厦南侧游乐场旁	√	
2	闽A00002（鼓楼）	荔枝	3.67（1.4+2.47）		鼓楼区	鼓东街道	王府井百货大楼南侧星巴克对面	√	
3	闽A00003（鼓楼）	樟树	7.16		鼓楼区	温泉街道	得贵路同寿园亭子西侧		樟树王
4	闽A00004（鼓楼）	榕树	10		鼓楼区	安泰街道	朱紫坊石桥东侧兰园门口	√	
5	闽A00005（鼓楼）	秋枫	5.47		鼓楼区	东街街道	东街口电信局内连桂坊旁	√	
6	闽A00007（鼓楼）	榕树	14		鼓楼区	鼓西街道	省府路裴仙宫后院	√	
7	闽A00008（鼓楼）	榕树	10		鼓楼区	华大街道	华林路省政府门口环岛内	√	
8	闽A00009（鼓楼）	榕树	9		鼓楼区	华大街道	福飞南路55-2号苔泉兴龙境旁	√	
9	闽A00012（鼓楼）	榕树	8.5		鼓楼区	安泰街道	于山风景区成公祠榕寿岩旁	√	
10	闽A00013（鼓楼）	榕树	2.3+4.7+5.0		鼓楼区	安泰街道	乌山天香台		

（续）

序号	编号	树种	树围（m）	树高	乡镇街道	生长地点	古树	名木
11	闽A00018（鼓楼）	荔枝	2.35	鼓楼区	洪山镇	西禅寺报恩塔南侧	√	
12	闽A00019（鼓楼）	荔枝	3.39	鼓楼区	洪山镇	西禅寺观音阁西南角	√	
13	闽A00020（鼓楼）	樟树	6.01	鼓楼区	洪山镇	春华路福大红楼宿舍门口北	√	
14	闽A00006（鼓楼）	破布木	6.48（4.83+1）	鼓楼区	鼓西街道	省府路1号榕城大剧院东侧停车场		√
15	闽A00010（鼓楼）	柚木	2.07	鼓楼区	南街街道	杨桥路3-3号北侧		√
16	闽A00011（鼓楼）	苹婆	2.75	鼓楼区	东街街道	东泰路灯笼巷7号院内		√
17	闽A00014（鼓楼）	朴树	2.82	鼓楼区	安泰街道	乌山风景区黎公亭东侧		√
18	闽A00015（鼓楼）	白檀	3.04	鼓楼区	南街街道	白马北路鼓楼芳园家庭综合服务中心门		√
19	闽A00021（鼓楼）	流苏	1.46	鼓楼区	南街街道	宫巷26号沈葆桢故居内		√
20	闽A00022（鼓楼）	芒果	3.72	鼓楼区	南街街道	黄巷34号（小黄楼）落花厅内		√
21	闽A00023（鼓楼）	流苏	1.36	鼓楼区	南街街道	依锦坊41号		√

鼓楼区二级古树名木目录（2020年7月）

序号	编号	树种	树围（m）	行政区划	乡镇街道	生长地点	古树	名木
1	闽A00029（鼓楼）	榕树	10.13	鼓楼区	鼓西街道	西湖公园荷亭晚唱东南侧	√	
2	闽A00030（鼓楼）	柠檬桉	3.2	鼓楼区	鼓西街道	西湖公园飞虹桥北侧	√	
3	闽A00031（鼓楼）	榕树	8.7（2.88+5.0）	鼓楼区	鼓西街道	湖滨路396号西湖好美家停车场	√	
4	闽A00032（鼓楼）	榕树	9.45	鼓楼区	鼓西街道	福三中西北角围墙边	√	
5	闽A00033（鼓楼）	榕树	7.02	鼓楼区	鼓西街道	福三中力行楼南侧	√	
6	闽A00034（鼓楼）	榕树	9.01	鼓楼区	鼓西街道	福三中篮球场东北侧	√	
7	闽A00035（鼓楼）	榕树	4.72	鼓楼区	华大街道	湖东路省物资局退休老干部宿舍3座3梯北	√	
8	闽A00036（鼓楼）	榕树	5.08	鼓楼区	华大街道	湖东路省物资局宿舍院充电桩西	√	
9	闽A00037（鼓楼）	榕树	5.02	鼓楼区	鼓西街道	鼓西路西峰支路2号西峰小学门口	√	
10	闽A00038（鼓楼）	榕树	7.0（4.0+2.5）	鼓楼区	鼓西街道	鼓西路西峰支路2号西峰小学门口	√	
11	闽A00040（鼓楼）	朴树	4.1	鼓楼区	鼓西街道	鼓西路西峰支路2号西峰小学	√	
12	闽A00041（鼓楼）	榕树	5	鼓楼区	鼓西街道	元帅路1号联湖花园B座东侧	√	
13	闽A00042（鼓楼）	榕树	8.4	鼓楼区	鼓西街道	福建省冶金招待所院内	√	
14	闽A00043（鼓楼）	榕树	5.5	鼓楼区	鼓西街道	鼓西路建荣公寓10座1梯	√	
15	闽A00044（鼓楼）	榕树	10.2	鼓楼区	鼓西街道	鼓西路鼓屏路路口鼓楼前公园西	√	
16	闽A00045（鼓楼）	榕树	5.67	鼓楼区	鼓西街道	省府1号榕城大剧院停车场出口东	√	
17	闽A00046（鼓楼）	榕树	4.89	鼓楼区	鼓西街道	省府1号榕城大剧院停车场出口西	√	
18	闽A00047（鼓楼）	榕树	5.45	鼓楼区	鼓西街道	省府1号榕城大剧院门口喷泉旁	√	
19	闽A00048（鼓楼）	榕树	3.7	鼓楼区	南街街道	杨桥路双抛桥西侧	合抱榕	
20	闽A00049（鼓楼）	榕树	6.71	鼓楼区	南街街道	杨桥路双抛桥西侧	合抱榕	
21	闽A00050（鼓楼）	榕树	4.98	鼓楼区	鼓西街道	达明路与虎节路口东南角	√	
25	闽A00054（鼓楼）	樟树	3.02	鼓楼区	东街街道	教院附属第二小学操场主席台南	√	
26	闽A00055（鼓楼）	破布木	3.11	鼓楼区	东街街道	教院二附小操场主席台南亭子旁	√	
27	闽A00056（鼓楼）	樟树	5.33	鼓楼区	东街街道	教院二附小鳌星楼A西侧，操场旁	√	
28	闽A00057（鼓楼）	樟树	2.93	鼓楼区	东街街道	教院二附小鳌星楼A西侧	√	
30	闽A00059（鼓楼）	朴树	4.18（2.5+1.3）	鼓楼区	安泰街道	格致中学内篮球场旁	√	
31	闽A00060（鼓楼）	苹婆	3.8（1.5+1.2）	鼓楼区	安泰街道	格致中学内科技活动室北侧	√	
32	闽A00061（鼓楼）	秋枫	2.77	鼓楼区	安泰街道	格致中学内鳌峰书院格物楼北侧	√	
33	闽A00062（鼓楼）	榕树	10	鼓楼区	东街街道	秀冶里河墘武安桥西侧	√	
34	闽A00063（鼓楼）	榕树	5.5	鼓楼区	东街街道	秀冶里河墘巷3号津泰河边	√	

（续）

序号	编号	树种	树围（m）	行政区划	乡镇街道	生长地点	古树	名木
35	闽A00064（鼓楼）	榕树	8	鼓楼区	东街街道	秀冶里河墘巷3号津泰河边	√	
36	闽A00065（鼓楼）	榕树	5.8	鼓楼区	东街街道	秀冶里河沿5号北侧津泰河边	√	
37	闽A00066（鼓楼）	榕树	7	鼓楼区	东街街道	秀冶里9号北侧，津泰河边	√	
38	闽A00067（鼓楼）	榕树	10.68	鼓楼区	东街街道	鼓楼区政府门口	√	
39	闽A00068（鼓楼）	榕树	7.74	鼓楼区	东街街道	鼓楼区政府内喷泉西北侧	√	
40	闽A00069（鼓楼）	榕树	8.04	鼓楼区	东街街道	鼓楼区政府内档案综合办公楼北	√	
41	闽A00070（鼓楼）	榕树	4.42	鼓楼区	东街街道	鼓楼区政府12号楼北侧	√	
42	闽A00072（鼓楼）	榕树	3.94	鼓楼区	东街街道	福州市公安局办公楼北侧	√	
44	闽A00075（鼓楼）	榕树	6.4	鼓楼区	鼓西街道	杨桥路20号福州公安局交警支队门口	√	
45	闽A00076（鼓楼）	榕树	3.7	鼓楼区	安泰街道	安泰河边朱紫坊公厕东北角	√	
46	闽A00077（鼓楼）	榕树	4.8	鼓楼区	安泰街道	太平街1号	√	
47	闽A00078（鼓楼）	榕树	6.1	鼓楼区	安泰街道	新权路东侧福州画院西侧	√	
48	闽A00079（鼓楼）	榕树	6.45	鼓楼区	安泰街道	于山路19号于山历史风貌区涵碧亭边	√	
49	闽A00080（鼓楼）	榕树	4.06	鼓楼区	安泰街道	于山风景区"月朗风清"石刻旁，	√	
53	闽A00085（鼓楼）	榕树	5.18	鼓楼区	华大街道	福飞南路89号东侧坎边	√	
54	闽A00086（鼓楼）	榕树	6.17	鼓楼区	五凤街道	福飞南路12-1号店面旁	√	
55	闽A00087（鼓楼）	榕树	4.08	鼓楼区	五凤街道	福飞南路梅园酒店门口西侧	√	
56	闽A00088（鼓楼）	榕树	4.7+5.3	鼓楼区	华大街道	华林路西段海峡都市报宣传栏旁	√	
57	闽A00089（鼓楼）	九里香	3.66（1+0.3+1）	鼓楼区	华大街道	西湖大酒店池塘边	√	
58	闽A00090（鼓楼）	南洋杉	3.18	鼓楼区	华大街道	钱塘小学南区篮球场南侧	√	
59	闽A00092（鼓楼）	榕树	5	鼓楼区	华大街道	西湖宾馆宿舍4座西侧	√	
60	闽A00093（鼓楼）	榕树	6.7	鼓楼区	东街街道	大根路9号院内	√	
61	闽A00094（鼓楼）	榕树	5.6+5	鼓楼区	东街街道	省立医院门诊大楼东侧	√	
62	闽A00095（鼓楼）	榕树	3.79	鼓楼区	东街街道	杨桥路福州一中操场南侧	√	
63	闽A00096（鼓楼）	破布木	3.87	鼓楼区	东街街道	东街50号南侧三牧坊口人行天桥西侧	√	
64	闽A00097（鼓楼）	榕树	5.6（1+3+2）	鼓楼区	东街街道	东街口2号聚春园前	√	
66	闽A00099（鼓楼）	樟树	3.57	鼓楼区	东街街道	杨桥路信息广场内	√	
67	闽A00100（鼓楼）	榕树	5.06	鼓楼区	温泉街道	劳动路18号福十一中门对面	√	
68	闽A00101（鼓楼）	榕树	5.23	鼓楼区	水部街道	火巷里阳光国际幼儿园河边	√	
69	闽A00102（鼓楼）	榕树	3.81	鼓楼区	水部街道	新洋巷19号1号楼西墙路边	√	
71	闽A00104（鼓楼）	榕树	3.45	鼓楼区	水部街道	新洋巷23号紫林堂内	√	
72	闽A00105（鼓楼）	秋枫	3.51	鼓楼区	水部街道	古田路华夏银行南慢车道上	√	
73	闽A00106（鼓楼）	双榕戏枫	6.93（3.3+3.5）	鼓楼区	水部街道	五一路龙华大厦南侧	龙戏凤	
76	闽A00109（鼓楼）	榕树	4.39	鼓楼区	鼓东街道	省劳动厅宿舍12座1梯北侧	√	
77	闽A00110（鼓楼）	榕树	8.8	鼓楼区	鼓东街道	鼓屏路人民日报福州印务中心院内	√	
78	闽A00111（鼓楼）	榕树	4.6	鼓楼区	鼓东街道	福建省公安民警英烈基金会门前	√	
79	闽A00112（鼓楼）	榕树	6.11（1+3.5+2.8）	鼓楼区	鼓东街道	湖东路省社会主义学院停车场东	√	
80	闽A00113（鼓楼）	榕树	5.95	鼓楼区	鼓东街道	湖东路社会主义学院内停车场西	√	
81	闽A00114（鼓楼）	榕树	7.21	鼓楼区	鼓东街道	湖东路118号省社会主义学院门口	√	
82	闽A00115（鼓楼）	榕树	4.95	鼓楼区	鼓东街道	湖东路省社会主义学院北侧	√	
83	闽A00116（鼓楼）	榕树	5.8	鼓楼区	鼓东街道	开元路74号开智小学操场上	√	
84	闽A00117（鼓楼）	榕树	4	鼓楼区	鼓东街道	湖东路91号1座2梯门前	√	
85	闽A00118（鼓楼）	榕树	10	鼓楼区	鼓东街道	能补天巷6号益善堂西侧	√	
86	闽A00119（鼓楼）	榕树	8	鼓楼区	鼓东街道	福建省福利彩票发行中心停车场出口旁	√	
87	闽A00120（鼓楼）	榕树	16	鼓楼区	鼓东街道	福建省卫生厅行政服务中心东北	√	

（续）

序号	编号	树种	树围（m）	行政区划	乡镇街道	生长地点	古树	名木
89	闽A00122（鼓楼）	榕树	4.89	鼓楼区	鼓东街道	尚滨路42号省人事厅宿舍门口卫旁	√	
94	闽A00128（鼓楼）	榕树	5.87	鼓楼区	洪山镇	西禅寺春华路门口对面	√	
95	闽A00129（鼓楼）	榕树	6.5+1.1+1.6	鼓楼区	洪山镇	西禅寺三圣殿西侧	√	
96	闽A00130（鼓楼）	荔枝	4.11（1.9+1.5）	鼓楼区	洪山镇	西禅寺观音阁东南角	宋荔	
97	闽A00131（鼓楼）	榕树	7.28+3.26	鼓楼区	洪山镇	西禅寺五百罗汉堂西侧	√	
99	闽A00133（鼓楼）	榕树	8	鼓楼区	洪山镇	西禅寺报恩塔东侧	√	
100	闽A00134（鼓楼）	荔枝	3.16（1.4+1.6）	鼓楼区	洪山镇	西禅寺天王殿东侧	√	
102	闽A00136（鼓楼）	荔枝	2.98（2+0.85）	鼓楼区	洪山镇	西禅寺大雄宝殿北侧	√	
104	闽A00138（鼓楼）	榕树	3.95	鼓楼区	南街街道	通湖路安泰河旁	√	
105	闽A00139（鼓楼）	橡皮树	4.4	鼓楼区	南街街道	光禄坊玉山涧揽虹亭旁	√	
106	闽A00140（鼓楼）	朴树	2.83	鼓楼区	南街街道	那后街光禄吟台追芳亭旁	√	
107	闽A00141（鼓楼）	苹婆	5.54	鼓楼区	南街街道	黄巷34号（小黄楼）	√	
108	闽A00142（鼓楼）	杨桃	1.85（0.9+0.9）	鼓楼区	南街街道	安民巷47号（鄢家花厅）	√	
109	闽A00143（鼓楼）	荔枝	2.05	鼓楼区	南街街道	塔巷26号（福建民俗博物馆内）	√	
111	闽A00145（鼓楼）	榕树	3.2+3.4	鼓楼区	南街街道	宫巷24号（林聪彝故居）	√	
112	闽A00146（鼓楼）	榕树	6.36	鼓楼区	南街街道	通湖路与道山路交叉口	√	
114	闽A00148（鼓楼）	榕树	5.7	鼓楼区	安泰街道	道山路乌山园景2号楼东侧	√	
116	闽A00150（鼓楼）	榕树	6.79	鼓楼区	安泰街道	乌山幼儿园内操场北侧	√	
117	闽A00151（鼓楼）	榕树	6.5	鼓楼区	安泰街道	乌山幼儿园内操场北侧	√	
118	闽A00152（鼓楼）	榕树	6.5	鼓楼区	安泰街道	乌山路96号市政府大院路边	√	
119	闽A00154（鼓楼）	榕树	4.75	鼓楼区	安泰街道	乌山路与道山观弄1号吴清源围棋会馆	√	
120	闽A00155（鼓楼）	榕树	13（1+3+6）	鼓楼区	安泰街道	鼓楼区道教乌山吕祖宫	√	
121	闽A00156（鼓楼）	榕树	5.9	鼓楼区	安泰街道	乌山摩崖题刻及造像/乌山亭北坡	√	
122	闽A00157（鼓楼）	榕树	6+4.9	鼓楼区	安泰街道	乌山道山亭南	√	
123	闽A00158（鼓楼）	榕树	4.8	鼓楼区	安泰街道	乌山雀舌桥旁冲天台旁	√	
124	闽A00159（鼓楼）	朴树	1.31	鼓楼区	安泰街道	乌山黎公亭西侧	√	
125	闽A00160（鼓楼）	榕树	5.5	鼓楼区	安泰街道	乌山般若台东侧	√	
126	闽A00161（鼓楼）	榕树	5.5+1+2+1.1+2	鼓楼区	安泰街道	乌山景区石林区	√	
130	闽A00166（鼓楼）	荔枝	3.25（0.7+1.6）	鼓楼区	安泰街道	乌山省气象台4号楼职工食堂对面	√	
133	闽A00169（鼓楼）	荔枝	2.52	鼓楼区	安泰街道	乌山风景区省气象台6号楼北侧	√	
135	闽A00171（鼓楼）	榕树	12.66	鼓楼区	安泰街道	乌山风景区省气象台篮球场西侧	√	
136	闽A00172（鼓楼）	榕树	5.6	鼓楼区	安泰街道	乌山福州道教协会媒体编辑部北	√	
137	闽A00173（鼓楼）	白檀	3.31	鼓楼区	南街街道	白马北路省话剧院公交站（东侧）	√	
138	闽A00174（鼓楼）	榕树	4.85	鼓楼区	南街街道	西水关公园门口	√	
139	闽A00175（鼓楼）	榕树	6.4（3.4+2.8）	鼓楼区	南街街道	西水关公园内安泰河旁	√	
140	闽A00176（鼓楼）	榕树	4.02+2.11+1.5	鼓楼区	南街街道	西水关公园内安泰河旁	√	
141	闽A00177（鼓楼）	榕树	5.83（1.8+3.8）	鼓楼区	南街街道	杨桥路与白马路路口西南公厕前	√	
142	闽A00178（鼓楼）	榕树	6.5（3.1+1+1）	鼓楼区	南街街道	杨桥路与白马路交叉口正中间	√	
143	闽A00179（鼓楼）	榕树	16.5（5+1+2+1.4）	鼓楼区	鼓西街道	杨桥路与白马路交叉口正中间	√	
144	闽A00180（鼓楼）	榕树	6	鼓楼区	鼓西街道	杨桥路高峰桥旁，陆庄河旁	√	
145	闽A00181（鼓楼）	榕树	6	鼓楼区	鼓西街道	梦山路福州熊猫世界入口斜坡处	√	
151	闽A00188（鼓楼）	破布木+榕树	3.5	鼓楼区	东街街道	基督教花巷堂院内	√	
153	闽A00190（鼓楼）	荔枝	1.15	鼓楼区	洪山镇	鸡角弄革命先烈就义纪念地	√	
154	闽A00191（鼓楼）	秋枫	4.7	鼓楼区	新港街道	六一中路与群众路口东北公园内	√	

（续）

序号	编号	树种	树围（m）	行政区划	乡镇街道	生长地点	古树	名木
155	闽A00192（鼓楼）	榕树	8.3	树高18m	洪山镇	梅峰小学内大门口西侧	连理榕	
156	闽A00193（鼓楼）	榕树	10	树高18m	洪山镇	梅峰小学内大门口东侧	连理榕	
157	闽A00194（鼓楼）	樟树	3.3	鼓楼区	鼓西街道	西湖大梦山景区山洞前	√	
158	闽A00195（鼓楼）	白兰	2.48	鼓楼区	鼓西街道	西湖大梦松声牌坊外	√	
162	闽A00199（鼓楼）	重阳木	2.69	鼓楼区	鼓西街道	西湖公园禁烟亭南侧	√	
163	闽A00200（鼓楼）	重阳木	2.78	鼓楼区	鼓西街道	西湖公园禁烟亭东侧	√	
167	闽A00204（鼓楼）	重阳木	2.8	鼓楼区	鼓西街道	西湖公园荷亭唱晚东侧	√	
169	闽A00206（鼓楼）	龙眼	3.1（1.2+1.6）	鼓楼区	鼓西街道	西湖公园开化寺西南侧	√	
171	闽A00208（鼓楼）	苹婆	2.41	鼓楼区	鼓西街道	开化寺内南侧围墙边	√	
172	闽A00209（鼓楼）	秋枫	2.63	鼓楼区	鼓西街道	西湖公园游船二号码头售票窗旁	√	
173	闽A00210（鼓楼）	重阳木	2.98	鼓楼区	鼓西街道	西湖公园内桂斋园内	√	
174	闽A00211（鼓楼）	柠檬桉	2.98	鼓楼区	鼓西街道	西湖湖天竞渡附近	√	
175	闽A00212（鼓楼）	重阳木	3.52	鼓楼区	鼓西街道	西湖公园环西湖栈道亭子旁	√	
179	闽A00216（鼓楼）	重阳木	3.14	鼓楼区	鼓西街道	西湖公园古蝶斜阳茶馆东侧	√	
180	闽A00217（鼓楼）	重阳木	2.89	鼓楼区	鼓西街道	福建省博物馆主馆东侧湖边	√	
181	闽A00218（鼓楼）	龙眼	3（1.8+1+1）	鼓楼区	鼓西街道	西湖公园古蝶斜阳茶馆南侧	√	
186	闽A00223（鼓楼）	重阳木	3.16	鼓楼区	鼓西街道	西湖公园内桂斋园内亭子旁	√	
188	闽A00225（鼓楼）	榕树	5	鼓楼区	洪山镇	祭酒岭路与杨桥路交叉口	√	
189	闽A00226（鼓楼）	榕树	5.5	鼓楼区	水部街道	海潮路闽江学院附属中学北墙外	√	
190	闽A00227（鼓楼）	榕树	5.3	鼓楼区	鼓西街道	元帅路68-1元帅庙内	√	
191	闽A00228（鼓楼）	榕树	6.28	鼓楼区	五凤街道	梅柳路国棉厂内	√	
192	闽A00229（鼓楼）	榕树	6.28	鼓楼区	五凤街道	梅柳路国棉厂内	√	
193	闽A00230（鼓楼）	榕树	4.71	鼓楼区	五凤街道	梅柳路国棉厂内	√	
194	闽A00231（鼓楼）	榕树	4.71	鼓楼区	五凤街道	梅柳路国棉厂内	√	
199	闽A00238（鼓楼）	榕树	4.5	鼓楼区	南街街道	雅道巷与杨桥路路口（双抛桥东）	√	
201	闽A00081（鼓楼）	黄连木	2.9（0.9+1.8）	鼓楼区	安泰街道	于山风景区兰花圃亭子旁		√
202	闽A00153（鼓楼）	榕树	4.2+3+2.1	鼓楼区	安泰街道	南门兜环岛		√

台江区一级古树名木目录（2020年7月）

序号	编号	树种	树围（m）	行政区划	乡镇街道	生长地点	古树	名木
1	闽A00001（台江）	榕树	5+5.5+5	台江区	宁化街道	闽江公园北园三宝寺	√	
2	闽A00002（台江）	雅榕	2.88	台江区	义洲街道	台江第六中心小学门口南侧	√	
3	闽A00003（台江）	榕树	5.49	台江区	上海街道	二环边荷泽寺天王殿东侧	√	
4	闽A00004（台江）	樟树	5.36	台江区	洋中街道	福州八中图书馆南侧	√	
5	闽A00005（台江）	樟树	5.32	台江区	洋中街道	台江第三中心小学教学楼南侧	√	
6	闽A00006（台江）	雅榕	5.48	台江区	茶亭街道	群众路永辉花园内西闽越王祖庙遗址旁	√	
7	闽A00007（台江）	榕树	5.89	台江区	新港街道	海潮路海潮寺内天王殿西南角	√	
8	闽A00008（台江）	樟树	4.17	台江区	后洲街道	上杭100号福州商会旧址后院内	√	

台江区二级古树名木目录（2020年7月）

序号	编号	树种	树围（m）	行政区划	乡镇街道	生长地点	古树	名木
1	闽A00011（台江）	榕树	3.8	台江区	苍霞街道	白马桥36号河下社区白马关帝庙内	√	
2	闽A00012（台江）	榕树	5	台江区	苍霞街道	河下社区西侧白仙师宝殿旁	√	
3	闽A00013（台江）	榕树	3.2	台江区	苍霞街道	同德路103-2号洪武亭内	√	

（续）

序号	编号	树种	树围（m）	行政区划	乡镇街道	生长地点	古树	名木
4	闽A00014（台江）	荔枝	1+1+1+9+1	台江区	苍霞街道	帮洲里10号对面河边	√	
5	闽A00015（台江）	榕树	4.0+6.6	台江区	苍霞街道	三保街新村西侧白马河边彬德桥南侧	√	
6	闽A00016（台江）	榕树	5.2	台江区	苍霞街道	南江滨西大道苍霞公园内三县洲大桥以东	√	
7	闽A00017（台江）	榕树	7.3	台江区	苍霞街道	南江滨西大道苍霞公园龙舟阁门前	√	
8	闽A00018（台江）	樟树	2.87	台江区	苍霞街道	江滨西大道福州青年会公交站东侧停车场内	√	
9	闽A00019（台江）	重阳木	5.48	台江区	苍霞街道	青年横路福州三十四中建设工地内	√	
10	闽A00020（台江）	榕树	5	台江区	苍霞街道	青年横路融信青年城地块三工程工地内	√	
11	闽A00021（台江）	榕树	5.32	台江区	苍霞街道	青年横路青年城地块五项目部内	√	
12	闽A00022（台江）	榕树	6.4	台江区	苍霞街道	青年横路青年城地块五项目部内	√	
15	闽A00025（台江）	榕树	5	台江区	后洲街道	学军路天胜花园西侧碧云寺	√	
16	闽A00026（台江）	榕树	4.12	台江区	后洲街道	学军路福州地税综合办税中心对面路中	√	
17	闽A00027（台江）	榕树	4.10	台江区	后洲街道	台江区上杭路98号	√	
18	闽A00028（台江）	雅榕	5.48	台江区	后洲街道	上杭100号福州商会旧址后院内	√	
19	闽A00029（台江）	榕树	4.52	台江区	后洲街道	上杭100号福州商会旧址后院内	√	
20	闽A00030（台江）	榕树	4.20	台江区	后洲街道	上杭路128号	√	
23	闽A00033（台江）	榕树	7.99	台江区	后洲街道	福州四中院篮球场西侧	√	
24	闽A00034（台江）	榕树	5.02	台江区	后洲街道	福四中足球场西南侧卫生间旁	√	
26	闽A00036（台江）	榕树	9.17	台江区	后洲街道	台江区第四中心小学大门处操场旁	√	
27	闽A00037（台江）	榕树	8.46	台江区	后洲街道	台江区第四中心小学旗杆北侧	√	
30	闽A00040（台江）	榕树	5.76	台江区	后洲街道	开智路78号/福州第十四中学	√	
31	闽A00041（台江）	榕树	6.86	台江区	后洲街道	开智路78号/福州第十四中学	√	
32	闽A00042（台江）	榕树	4.08	台江区	后洲街道	大同社区和平市场东侧大同三仙姑庙背	√	
34	闽A00044（台江）	榕树	8.17	台江区	茶亭街道	茶亭公园中央桥头东侧	√	
35	闽A00045（台江）	榕树	5.00	台江区	茶亭街道	茶亭公园中央桥头东侧	√	
36	闽A00046（台江）	榕树	5.50	台江区	茶亭街道	八一七路茶亭公园西门门口	√	
39	闽A00049（台江）	雅榕	4.40	台江区	茶亭街道	五一中路54号福州市建设局亭子旁	√	
40	闽A00050（台江）	榕树	6.50	台江区	茶亭街道	群众路69号南侧安淡仙定境医官大王庙内	√	
44	闽A00054（台江）	榕树	4.10	台江区	茶亭街道	水松巷15号水松树将军庙东侧台阶旁	√	
45	闽A00055（台江）	榕树	9.40	台江区	茶亭街道	儿童公园路99号世茂茶亭俪园小区2号楼东	√	
46	闽A00057（台江）	榕树	6.60	台江区	宁化街道	宁化街道长汀街万科金域中央1栋北围墙边	√	
48	闽A00059（台江）	荔枝	2.6+1.5+1	台江区	义洲街道	茶亭河公园中共闽浙赣省委福州太平山联络总站旧址	√	
50	闽A00061（台江）	榕树	2+1.7+2+1.6	台江区	瀛洲街道	排尾路115号亿力江滨C区东北侧	√	
51	闽A00062（台江）	榕树	1.8+2.7+1.7	台江区	瀛洲街道	排尾路115号亿力江滨C区东北侧	√	
52	闽A00063（台江）	榕树	5.2（2+1.5）	台江区	瀛洲街道	排尾路115号亿力江滨C区东北侧	√	
53	闽A00064（台江）	雅榕	3.47	台江区	瀛洲街道	排尾路115号亿力江滨C区3#楼南侧	√	
56	闽A00067（台江）	榕树	4.2+2.35	台江区	瀛洲街道	排尾路115号亿力江滨C区2#楼南侧	√	
57	闽A00068（台江）	榕树	4.98	台江区	瀛洲街道	排尾路115号亿力江滨C区2#楼南侧	√	
58	闽A00069（台江）	榕树	1+2+1+2.5+2+3	台江区	瀛洲街道	排尾路115号亿力江滨C区西南围墙外	√	
59	闽A00070（台江）	榕树	5.03	台江区	瀛洲街道	瀛江路2号亿力江滨A区门前东侧	√	
60	闽A00071（台江）	榕树	3.04+2.81	台江区	瀛洲街道	瀛江路2号亿力江滨A区门前东侧	√	
62	闽A00073（台江）	樟树	4.17	台江区	瀛洲街道	排尾路亿力江滨C区1号楼北侧路中间工地内	√	

（续）

序号	编号	树种	树围（m）	行政区划	乡镇街道	生长地点	古树	名木
63	闽A00074（台江）	榕树	5.40	台江区	瀛洲街道	排尾路242号北元台江区希望幼儿园的南侧	√	
65	闽A00077（台江）	樟树	4.26	台江区	洋中街道	福州八中图书馆南侧	√	
69	闽A00081（台江）	榕树	3.5+2.2+2.5	台江区	洋中街道	安南路福州八中门口对面五仙姑总堂旁	√	
70	闽A00082（台江）	榕树	5.54（1.5+3）	台江区	新港街道	国货西路瑁前新村白仙师平安堂旁	√	
71	闽A00083（台江）	榕树	8.2（3.8+6）	台江区	新港街道	状元街汇福花园福锦楼北侧	√	
72	闽A00084（台江）	榕树	5.50	台江区	新港街道	五一中路龙庭创业公寓4座旁	√	
73	闽A00085（台江）	重阳木	5.00	台江区	新港街道	五一路福建海洋渔业公司东西河与琼东河交汇处	√	
74	闽A00086（台江）	榕树	7.00	台江区	新港街道	新港街福州市中选小学拆迁工地	√	
75	闽A00087（台江）	雅榕	5.66	台江区	新港街道	新港道43号市供电局宿舍大门口	√	
84	闽A00096（台江）	榕树	7.55	台江区	新港街道	福州市供电局地下停车场出口北门卫背	√	
85	闽A00097（台江）	榕树	6.31（2.5+4）	台江区	新港街道	福州市供电局地下停车场出口北侧	√	
86	闽A00098（台江）	榕树	4.89	台江区	新港街道	福州市供电局北侧靠新港道路墙边	√	
87	闽A00099（台江）	榕树	4	台江区	新港街道	五一南路台江医院急诊西侧	√	
88	闽A00100（台江）	榕树	5.82	台江区	新港街道	万寿一道18号东侧万寿桥桥头	√	
90	闽A00102（台江）	榕树	4.16	台江区	洋中街道	学军路阳光丽景花园木桥旁	√	
91	闽A00103（台江）	榕树	7.38	台江区	洋中街道	学军路92号福州台江中心幼儿园	√	
92	闽A00104（台江）	榕树	7.54	台江区	洋中街道	河口东里36号天君殿内	√	
93	闽A00105（台江）	榕树	4.16+2.8	台江区	洋中街道	广达街道双丰新村6号楼南侧	√	
94	闽A00106（台江）	榕树	5.10	台江区	洋中街道	国货西路143号金尊名都西侧	√	
95	闽A00107（台江）	榕树	6.00	台江区	洋中街道	打铁垱巷13号齐天府旁	√	
96	闽A00108（台江）	榕树	4.15	台江区	洋中街道	鲤鱼支巷4号锦鲤园内	√	
98	闽A00110（台江）	榕树	5.50	台江区	洋中街道	达道路156号福州地铁大厦北亭房墙边	√	
100	闽A00112（台江）	榕树	4.6	台江区	后洲街道	隆平路河边桥头上下杭	√	
101	闽A00113（台江）	榕树	5	台江区	后洲街道	延平路龙岭顶社区庙旁国家电网背后	√	

仓山区一级古树名木目录（2020年7月）

序号	编号	树种	树围（m）	行政区划	乡镇街道	生长地点	古树	名木
1	闽A00001（仓山）	朴树	3.82	仓山区	金山街道	建新镇建中百花场内	√	
2	闽A00002（仓山）	雅榕	9.55（3.16+6.8）	树高18m	建新镇	洪湾南路香积寺新新亭南侧	甲天下榕	
3	闽A00004（仓山）	榕树	8.77+2.8	仓山区	仓前街道	福州市麦顶小学足球场南侧拆迁工地	√	
4	闽A00005（仓山）	榕树	10	树高25m	仓前街道	福州省卫生计生监督所旗杆南侧	√	
5	闽A00015（仓山）	樟树	5.5	仓山区	临江街道	六一南路鹤龄医院门口	√	
6	闽A00016（仓山）	榕树	10.25	仓山区	盖山镇	齐安村齐安99-7号西侧	√	
7	闽A00017（仓山）	雅榕	10.7	仓山区	盖山镇	齐安村齐安28-3号门前	√	
9	闽A00020（仓山）	雅榕	9	仓山区	城门镇	厚峰村后尾阀门厂内	√	
10	闽A00021（仓山）	国槐	3.94	仓山区	城门镇	壁头村槐树公旁	√	
11	闽A00022（仓山）	榕树	10.36（4+3.7）	仓山区	城门镇	樟岚村上董	√	
12	闽A00024（仓山）	雅榕	10.57	仓山区	城门镇	白云村鳌峰正境门前	√	
13	闽A00025（仓山）	榕树	6.4+3.64	仓山区	螺洲镇	吴厝村吴厝江墘埕11号门前左侧	√	
14	闽A00027（仓山）	雅榕	1.3+2 +3.4+4.5	仓山区	城门镇	厚峰村后坂104-1号南侧	√	
15	闽A00003（仓山）	华棕	1.8	仓山区	仓前街道	梅坞路与麦园路交叉口仓山影院内		√
16	闽A00006（仓山）	大叶南洋杉	2.1	仓山区	仓前街道	进步路172号时代中学内浴室西北侧		√

（续）

序号	编号	树种	树围（m）	行政区划	乡镇街道	生长地点	古树	名木
17	闽A00009（仓山）	异叶南洋杉	3.5	仓山区	仓前街道	进步路172号福州时代中学生物池东花园		√
18	闽A00011（仓山）	安波那	2.1	仓山区	仓前街道	进步路172号福州时代中学6层学生宿舍北		√
19	闽A00012（仓山）	鸡爪械	2.4（0.7+0.7）	仓山区	对湖街道	师大附中图书馆门口南侧		√
20	闽A00014（仓山）	波斯皂荚	3.29（1.2+1.4）	仓山区	对湖街道	福建师范大学海外学生公寓北侧		√
21	闽A00019（仓山）	银杏	3.15	仓山区	仓前街道	乐群路22号石厝教堂内		√
22	闽A00023（仓山）	雅榕	7（3+2.3+2）	仓山区	城门镇	福濂村林浦垱2号林浦境旁		√

仓山区二级古树名木目录（2020年7月）

序号	编号	树种	树围（m）	行政区划	乡镇街道	生长地点	古树	名木
1	闽A00036（仓山）	榕树	4.15	仓山区	仓前街道	烟台山公园内观井路29号弄5号西北侧	√	
2	闽A00037（仓山）	榕树	6.9	仓山区	仓前街道	烟台山公园内观井路29号弄5号西北侧	√	
3	闽A00038（仓山）	榕树	5.78	仓山区	仓前街道	烟台山公园内观井路29号弄5号西南侧	√	
4	闽A00039（仓山）	榕树	6.9	仓山区	仓前街道	烟台山公园内观井路29号弄5号东侧	√	
5	闽A00040（仓山）	榕树	4.8+3.8+1.5	仓山区	仓前街道	乐群路3号仓山区委老干局院后院	√	
6	闽A00041（仓山）	樟树	5.6（2.05+4.0）	仓山区	仓前街道	麦园路18号仓山霖顺科技馆门口对面台阶	√	
8	闽A00043（仓山）	樟树	3.48	仓山区	仓前街道	麦园路18号仓山霖顺科技馆内	√	
9	闽A00044（仓山）	榕树	5.82	仓山区	仓前街道	乐群路9号门口西北侧	√	
13	闽A00048（仓山）	榕树	5.5	仓山区	对湖街道	乐群路10号福建省军区福州第八干休养所	√	
14	闽A00049（仓山）	樟树	4.19	仓山区	对湖街道	乐群路10号福建省军区福州第八干休养所	√	
15	闽A00050（仓山）	榕树	5.56（3.7+1.41）	仓山区	仓前街道	乐群路与槐荫里交叉口/乐群路15号东侧	√	
16	闽A00051（仓山）	银杏	2.29	仓山区	临江街道	福州市眼科医院配电室门口	√	
17	闽A00052（仓山）	雅榕	4.6	仓山区	临江街道	上藤站A出出口旁	√	
19	闽A00054（仓山）	榕树	8.5	仓山区	临江街道	六一南路90号进门处	√	
20	闽A00055（仓山）	榕树	4.49	仓山区	临江街道	六一南路福州眼科医院医学验光配镜门口	√	
21	闽A00056（仓山）	榕树	5.52	仓山区	临江街道	六一南路快车道内	√	
22	闽A00057（仓山）	樟树	5（1.8+1.8+2）	仓山区	临江街道	六一南路福州市第二医院路口对中分车带	√	
23	闽A00058（仓山）	樟树	3.28	仓山区	仓前街道	乐群路17号福州高级中学保卫室东侧	√	
27	闽A00062（仓山）	樟树	4.57	仓山区	仓前街道	乐群路22号石厝教堂内	√	
29	闽A00064（仓山）	樟树	3.76	仓山区	仓前街道	乐群路18号福州高级中学篮球场东	√	
32	闽A00067（仓山）	榕树	8	仓山区	仓前街道	槐荫路福州感激中学围墙坎下	√	
33	闽A00068（仓山）	榕树	7.67	仓山区	仓前街道	槐荫里4号福州市仓山区广电视门口院内	√	
34	闽A00069（仓山）	榕树	4.24	仓山区	仓前街道	仓前进步路12-5号店面门口	√	
36	闽A00071（仓山）	樟树	4.08	仓山区	仓前街道	福建省卫生计生监督所篮球场西侧	√	
37	闽A00072（仓山）	樟树	5.8（1.98+2.7）	仓山区	仓前街道	福建省卫生计生监督所办公楼南侧	√	
38	闽A00073（仓山）	榕树	5.7	仓山区	仓前街道	麦园路56号家中	√	
39	闽A00074（仓山）	流苏	5.6(1+1+0.6+1+1)	仓山区	仓前街道	福州市第十六中学花园西侧	√	
40	闽A00075（仓山）	樟树	8.0（2+1.8+3.7）	仓山区	仓前街道	麦园路35号福州市十六中学校内亭子旁	√	
41	闽A00076（仓山）	樟树	5.2（1.5+1+2）	仓山区	仓前街道	麦园路35号福州市十六中学校内田径场北	√	
43	闽A00079（仓山）	樟树	3.5	仓山区	仓前街道	进步路172号福州时代中学内西北门入口	√	
44	闽A00080（仓山）	樟树	6.05	仓山区	仓前街道	进步路172号福州时代中学西北门入口右	√	

（续）

序号	编号	树种	树围（m）	行政区划	乡镇街道	生长地点	古树	名木
45	闽A00081（仓山）	樟树	4.1	仓山区	仓前街道	进步路172号福州时代中学厕所旁	√	
51	闽A00087（仓山）	破布木	5	仓山区	仓前街道	进步路172号福州时代中学双安楼西	√	
52	闽A00088（仓山）	樟树	3.4	仓山区	仓前街道	进步路172号福州时代中学行政楼北	√	
56	闽A00092（仓山）	异叶南洋杉	2.9	仓山区	仓前街道	进步路172号福州时代中学内	√	
57	闽A00093（仓山）	榕树	5.6	仓山区	城门镇	濂水路与球山路交汇处靠河边	√	
58	闽A00094（仓山）	榕树	6.86	仓山区	城门镇	濂水路与龙岗路交叉口南侧靠河边	√	
59	闽A00095（仓山）	榕树	7.87	仓山区	城门镇	濂水路与球山路交汇处靠河边	√	
60	闽A00096（仓山）	榕树	3.98	仓山区	城门镇	潘敦路与濂水路交叉口	√	
61	闽A00097（仓山）	榕树	4.17（2.8+2.96）	仓山区	城门镇	球山路与龙岗路交叉口北侧路中间	√	
62	闽A00098（仓山）	榕树	5.65	仓山区	城门镇	潘敦"宋信国公"庙前憩亭/潘墩霞洲庙前	√	
63	闽A00099（仓山）	雅榕	6.17	仓山区	城门镇	潘敦"宋信国公"庙前憩亭旁/霞洲庙前	√	
64	闽A00100（仓山）	榕树	4.5	仓山区	城门镇	潘敦"文昌宫"东南侧庙背后	√	
65	闽A00101（仓山）	广玉兰	2.44	仓山区	仓前街道	进步路172号时代中学内生物池旁	√	
68	闽A00105（仓山）	破布木	4.6(2.2+1.5+1.6)	仓山区	仓前街道	进步路172号时代中学内	√	
69	闽A00106（仓山）	樟树	4.6	仓山区	仓前街道	进步路172号时代中学内	√	
70	闽A00107（仓山）	罗汉松	1.35	仓山区	仓前街道	进步路172号时代中学内	√	
73	闽A00110（仓山）	榕树	6.8	仓山区	仓前街道	福州电信局仓山营业点围墙边	√	
74	闽A00111（仓山）	榕树	5.3	仓山区	仓前街道	立新路9号边	√	
75	闽A00112（仓山）	榕树	7.6	仓山区	仓前街道	立新路8号院内	√	
76	闽A00113（仓山）	大叶合欢	5.7	仓山区	仓前街道	立新路市二医院宿舍A座北侧	√	
77	闽A00114（仓山）	榕树	5	仓山区	仓前街道	欣隆盛世一期1号楼西南侧	√	
79	闽A00116（仓山）	樟树	4.12	仓山区	仓前街道	仓山振兴花园内	√	
80	闽A00117（仓山）	榕树	4.14（2.5+1.33）	仓山区	仓前街道	进步路16号中国人寿财产保险仓山支公司	√	
81	闽A00118（仓山）	榕树	5.7	仓山区	仓前街道	麦园路62号仓前街道麦园社区服务中心旁	√	
83	闽A00120（仓山）	破布木	3.2	仓山区	仓前街道	麦园路17号三座2梯西侧	√	
84	闽A00121（仓山）	榕树	5	仓山区	城门镇	安平村安头120号包相府东侧路边	√	
86	闽A00123（仓山）	榕树	6.37	仓山区	城门镇	厚峰村"龙街东境"前	√	
87	闽A00124（仓山）	榕树	2.21+4.43	仓山区	城门镇	樟岚村老人馆（益寿轩）东南侧坎上	√	
89	闽A00126（仓山）	榕树	8.73	仓山区	城门镇	樟岚村湖地里文化宫南侧	√	
90	闽A00127（仓山）	榕树	6.9	仓山区	城门镇	樟岚村湖地里玄帝庙围墙内	√	
91	闽A00128（仓山）	榕树	7.5+4.5	仓山区	城门镇	樟岚村湖地里福州飞皇鞋业有限公司南侧	√	
92	闽A00129（仓山）	雅榕	7	仓山区	城门镇	樟岚村上董107号华光大帝庙前上董桥旁	√	
93	闽A00130（仓山）	榕树	4.61	仓山区	城门镇	林浦濂江村台山前44号泰山庙东侧	√	
94	闽A00131（仓山）	榕树	5.42	仓山区	城门镇	林浦濂江村台山前44号泰山庙东侧	√	
97	闽A00136（仓山）	雅榕	4.48	仓山区	城门镇	甘泉寺后山石头上	√	
100	闽A00139（仓山）	榕树	6.3	仓山区	城门镇	城门中学内	√	
101	闽A00140（仓山）	广玉兰	2.45	仓山区	城门镇	城门村委（林之夏故居）内	√	
102	闽A00142（仓山）	榕树	7.47（4.0+3.78）	仓山区	城门镇	城门村城楼15号老人馆门前	√	
103	闽A00143（仓山）	榕树	4.7	仓山区	城门镇	城门村城楼11-1号门前	√	
104	闽A00144（仓山）	榕树	5.3	仓山区	城门镇	城门村城楼519号颐乐园内	√	
105	闽A00145（仓山）	榕树	1.07+5.95	仓山区	城门镇	黄山村东街"桂林胜境"西侧	√	
106	闽A00146（仓山）	榕树	4.27	仓山区	城门镇	黄山洋下祠堂左/黄山新城一区27号楼西	√	

（续）

序号	编号	树种	树围（m）	行政区划	乡镇街道	生长地点	古树	名木
108	闽A00148（仓山）	榕树	6.01	仓山区	城门镇	黄山村后门山2-1号门前台阶旁	√	
110	闽A00150（仓山）	榕树	10.21	仓山区	城门镇	潘墩路潘墩福峡路口公交车站北侧	√	
111	闽A00151（仓山）	榕树	5.1	仓山区	城门镇	黄山村排下15-3号门前	√	
112	闽A00152（仓山）	榕树	6	仓山区	城门镇	黄山村排下"尊王宫"庙后	√	
114	闽A00154（仓山）	榕树	7.1	仓山区	城门镇	浚边村浚边小学国旗杆西北侧	√	
115	闽A00155（仓山）	榕树	4.69	仓山区	城门镇	浚边村浚边小学篮球场南侧	√	
117	闽A00157（仓山）	樟树	3.11	仓山区	城门镇	萨雷陈绍宽故居内	√	
118	闽A00158（仓山）	榕树	4.79	仓山区	城门镇	湖际江店2-2号南侧环岛路边	√	
119	闽A00159（仓山）	榕树	5.75	仓山区	城门镇	湖际江店村20号北侧环岛路口	√	
120	闽A00160（仓山）	榕树	7.4	仓山区	城门镇	福州南单身宿舍门前	√	
124	闽A00164（仓山）	樟树	4.26（2.2+2.68）	仓山区	仓前街道	爱国路2号东侧斜坡上	√	
125	闽A00165（仓山）	榕树	11	仓山区	上渡街道	望北台真武庙门口对面	√	
126	闽A00166（仓山）	榕树	6.1	仓山区	上渡街道	望北台真武庙内	√	
127	闽A00167（仓山）	榕树	4.03	仓山区	上渡街道	上渡龙峰江（仓前路龙潭角公交站）	√	
128	闽A00168（仓山）	榕树	5.2	仓山区	仓前街道	佛寺巷1号	√	
129	闽A00169（仓山）	榕树	4.62	仓山区	临江街道	南江滨西大道17号舍人庙旁	√	
131	闽A00171（仓山）	榕树	4.3	仓山区	临江街道	六一南路18号门口	√	
135	闽A00175（仓山）	樟树	4.05（1.8+1.26）	仓山区	仓前街道	福州九中（外国语学校）进门北侧	√	
137	闽A00178（仓山）	榕树	7.65	仓山区	仓前街道	福州九中（外国语学校）内篮球场西	√	
138	闽A00179（仓山）	榕树	6.4	仓山区	仓前街道	福州九中（外国语学校）乒乓球场旁	√	
139	闽A00180（仓山）	榕树	7（3.8+3.65）	仓山区	仓前街道	福州九中（外国语学校）羽毛球场西	√	
140	闽A00181（仓山）	雅榕	5.1（3.24+2.9）	仓山区	仓前街道	福州九中（外国语学校）羽毛球场北	√	
141	闽A00182（仓山）	榕树	9.3	仓山区	仓前街道	程埔路113-2号店面北侧路中心	√	
143	闽A00184（仓山）	榕树	5.3	仓山区	对湖街道	麦园路省军区礼堂对面/福建师大附中停车场口	√	
145	闽A00186（仓山）	樟树	4.67（2.14+2.8）	仓山区	对湖街道	师大附中行政楼西北角	√	
146	闽A00187（仓山）	樟树	4.77	仓山区	对湖街道	师大附中教学楼北侧	√	
153	闽A00194（仓山）	樟树	4.24（2.2+2.52）	仓山区	对湖街道	福建师大地理科学学院北侧	√	
154	闽A00195（仓山）	榕树	10.65	仓山区	建新镇	江边村洪湾南路飞凤山水厂停车场	√	
160	闽A00201（仓山）	樟树	4.82	仓山区	对湖街道	华南女子文理学院旧址北侧围墙边	√	
161	闽A00202（仓山）	樟树	4.44	仓山区	对湖街道	华南女子文理学院旧址北侧围墙边	√	
165	闽A00206（仓山）	榕树	4.4+1.4+1.5	仓山区	螺洲镇	店前村天后宫门口右侧	√	
167	闽A00208（仓山）	榕树	6.55+0.7+0.8	仓山区	螺洲镇	店前村江墘埕6号门前	√	
168	闽A00209（仓山）	榕树	4.69	仓山区	螺洲镇	店前村江墘埕14号门前	√	
169	闽A00210（仓山）	雅榕	6.89	仓山区	螺洲镇	洲尾村潮位站旁	√	
170	闽A00211（仓山）	榕树	4.2+2+2+1.2+1+2	仓山区	螺洲镇	洲尾村潮位站旁	√	
172	闽A00213（仓山）	雅榕	6.17	仓山区	螺洲镇	洲尾村委会/洲尾街62号螺女庙后面	√	
173	闽A00214（仓山）	朴抱雅榕	3.31	仓山区	螺洲镇	洲尾村委前（观澜书院）东南侧	√	
174	闽A00215（仓山）	榕树	6.42+1.4+1.4	仓山区	螺洲镇	洲尾村委会东/洲尾村洲尾街61号泰山庙	√	
176	闽A00217（仓山）	雅榕	5.1	仓山区	螺洲镇	敖山村颐寿宫南侧，南三环路侧	√	
177	闽A00219（仓山）	榕树	5.97	仓山区	盖山镇	北园村尚士山2号北侧	√	
178	闽A00220（仓山）	榕树	5.9	仓山区	盖山镇	北园村洋头口21-1号对面农贸市场北侧	√	
180	闽A00222（仓山）	榕树	8	仓山区	盖山镇	北园村大门路10-1号东南二环路边	√	
181	闽A00223（仓山）	雅榕	8.3（4.31+4）	仓山区	盖山镇	齐安村齐安建设工地东侧南二环路	√	
182	闽A00224（仓山）	雅榕	4.62	仓山区	盖山镇	齐安村齐安老人馆北侧	√	

（续）

序号	编号	树种	树围（m）	行政区划	乡镇街道	生长地点	古树	名木
183	闽A00225（仓山）	雅榕	4.9	仓山区	盖山镇	齐安村"塘安东境"前	√	
184	闽A00226（仓山）	榕树	5.55	仓山区	盖山镇	高盖山公园妙峰寺南侧	√	
185	闽A00227（仓山）	榕树	5.9	仓山区	红星农场	山道49号门前路边	√	
186	闽A00228（仓山）	雅榕	4.83	仓山区	红星农场	潘宅30-25号陈塘西境北侧	√	
187	闽A00229（仓山）	榕树	6.25	仓山区	红星农场	潘宅30-25号陈塘西境西侧	√	
188	闽A00230（仓山）	榕树	7.85	仓山区	盖山镇	上岐村上岐3号东侧桥头	√	
189	闽A00231（仓山）	榕树	11	仓山区	盖山镇	上岐村上岐北极玄帝庙背后	√	
190	闽A00232（仓山）	榕树	5.37	仓山区	盖山镇	南三环路17号73293部队（省军区教导队）	√	
191	闽A00233（仓山）	榕树	6.3	仓山区	建新镇	台屿路5号华威四季双语幼儿园旁	√	
192	闽A00234（仓山）	榕树	7.05	仓山区	建新镇	福建海峡奥体中心停车场靠福湾桥下	√	
193	闽A00235（仓山）	榕树	4.7	仓山区	盖山镇	天水村天水41-7号旁	√	
194	闽A00236（仓山）	榕树	9.4	仓山区	盖山镇	天水村天水15-1号"九爷府"庙后	√	
195	闽A00237（仓山）	榕树	4.4	仓山区	盖山镇	天水村天水15-11号北侧	√	
197	闽A00239（仓山）	榕树	4.4	仓山区	盖山镇	天水村马洲河边	√	
198	闽A00240（仓山）	榕树	4.65	仓山区	盖山镇	吴山村村委对面吴山亭旁	√	
202	闽A00244（仓山）	榕树	4.12（1.92+2.1）	仓山区	盖山镇	吴凤村"水云庵"亭子旁	√	
204	闽A00246（仓山）	榕树	5.6（2.8+3.79）	仓山区	盖山镇	吴凤村"水云庵"庙前路边	√	
205	闽A00247（仓山）	榕树	1.3+1+1.5+2+6	仓山区	盖山镇	吴凤村"水云庵"南侧望江亭旁	√	
206	闽A00248（仓山）	榕树	5.6	仓山区	盖山镇	义序竹揽"李都督府"后	√	
208	闽A00250（仓山）	雅榕	5.3+2.8	仓山区	盖山镇	叶厦村郑氏祠堂右侧	√	
209	闽A00251（仓山）	榕树	4.25	仓山区	盖山镇	屿宅村秀宅44-2号南侧秉熙亭前	√	
210	闽A00252（仓山）	榕树	5.97	仓山区	盖山镇	屿宅村秀宅37-2号西侧	√	
213	闽A00255（仓山）	雅榕	7.6	仓山区	盖山镇	后坂新城4区4号楼东侧	√	
215	闽A00257（仓山）	雅榕	6.78	仓山区	盖山镇	后坂新城4区西北角围墙外	√	
217	闽A00259（仓山）	榕树	4.66（3+2.6+1）	仓山区	盖山镇	高湖村桥南白马王庙亭子旁	√	
218	闽A00260（仓山）	榕树	9.8(3.6+4+4.3）	仓山区	盖山镇	高湖村桥南3-5号东侧	√	
219	闽A00261（仓山）	榕树	7.45	仓山区	盖山镇	高湖村三座94号南侧桥头	√	
220	闽A00262（仓山）	榕树	6.3	仓山区	盖山镇	高湖村佛亭23-1号南侧佛亭旁	√	
221	闽A00263（仓山）	榕树	6.14	仓山区	仓山镇	湖边村188号仓山区委党校	√	
224	闽A00266（仓山）	榕树	4+3	仓山区	仓山镇	郑安村56-3号老人馆旁	√	
225	闽A00267（仓山）	榕树	4.8	仓山区	仓山镇	霞湖村177-1号三圣王庙内	√	
226	闽A00268（仓山）	榕树	7.5	仓山区	仓山镇	霞湖村163-4号庙旁	√	
227	闽A00269（仓山）	榕树	5.3	仓山区	仓山镇	霞湖村139号门口对面	√	
229	闽A00271（仓山）	雅榕	6.3	仓山区	仓山镇	牛眠山旧伽蓝庙内	√	
230	闽A00272（仓山）	榕树	6.5	仓山区	东升街道	东升小区东藤苑绿野寺西侧	√	
231	闽A00274（仓山）	榕树	6.3（2.0+5.12）	仓山区	下渡街道	小巷渔厂宿舍边，十字路口处	√	
232	闽A00275（仓山）	破布木	4.6	仓山区	金山街道	洪湾中路金山公园洪湾珑翠南电信机房河	√	
233	闽A00276（仓山）	白兰花	2.5+1.47	仓山区	金山街道	洪湾中路金山公园仁亭桥南侧	√	
235	闽A00278（仓山）	苹婆	4.18（1.48+1.5）	仓山区	金山街道	洪湾中路金山公园仁亭桥北侧	√	
236	闽A00279（仓山）	榕树	11	仓山区	临江街道	南江滨西大道北（闽江二桥东江边）	√	
237	闽A00280（仓山）	榕树	7.5	仓山区	临江街道	南江滨西大道北（闽江二桥东江边）	√	
238	闽A00281（仓山）	榕树	8.12	仓山区	建新镇	中联水岸名居东围墙外南江滨休闲路边	√	
239	闽A00282（仓山）	雅榕	4.9	仓山区	建新镇	金山寺洪塘渡口南侧	√	
240	闽A00283（仓山）	樟树	3.4	仓山区	建新镇	金山寺内龙凤亭旁	√	
241	闽A00284（仓山）	榕树	4.52	仓山区	建新镇	闽江大道郭厝里公交站东侧	√	

（续）

序号	编号	树种	树围（m）	行政区划	乡镇街道	生长地点	古树	名木
243	闽A00286（仓山）	雅榕	6.26	仓山区	建新镇	建新北路奋安创意产业园亭子旁	√	
244	闽A00287（仓山）	榕树	7.59	仓山区	建新镇	洪光村互埕山河社稷宫门前	√	
245	闽A00288（仓山）	樟树	4.45（2.47+1.9）	仓山区	建新镇	金塘路北侧与洪湾北路交叉口处	√	
246	闽A00289（仓山）	榕树	5	仓山区	建新镇	麦浦村麦浦小学附近	√	
247	闽A00290（仓山）	榕树	5	仓山区	建新镇	金塘路路边小庙旁	√	
248	闽A00291（仓山）	榕树	4.8	仓山区	建新镇	麦浦小学旁汉闽越王庙西侧	√	
249	闽A00292（仓山）	榕树	6.73	仓山区	建新镇	麦浦小学旁汉闽越王庙东侧	√	
250	闽A00293（仓山）	榕树	6.3	仓山区	建新镇	建新北路麦浦村58-18号监狱门口对面	√	
251	闽A00294（仓山）	白兰花	4	仓山区	建新镇	洪湾北路梅亭村洲井12-13号旁	√	
252	闽A00296（仓山）	榕树	4.02	仓山区	建新镇	高宅村高宅201号香积寺西侧	√	
253	闽A00297（仓山）	榕树	1.96+2.24+4	仓山区	建新镇	高宅村高宅201号香积寺西侧	√	
255	闽A00299（仓山）	榕树	4.4	仓山区	金山街道	石边路建中小区东侧巷子边	√	
256	闽A00300（仓山）	樟树	3.93	仓山区	金山街道	建中百花场门前	√	
257	闽A00301（仓山）	榕树	4.81	仓山区	建新镇	台屿村佛亭	√	
258	闽A00302（仓山）	榕树	4.48	仓山区	建新镇	台屿村佛亭	√	
259	闽A00303（仓山）	榕树	4.18	仓山区	建新镇	台屿村佛亭	√	
261	闽A00305（仓山）	榕树	5.53	仓山区	建新镇	洪塘状元街33号洪塘中心小学对面	√	
262	闽A00306（仓山）	榕树	5.6	仓山区	建新镇	洪塘状元街33号洪塘中心小学墙外	√	
263	闽A00307（仓山）	雅榕	4.7	仓山区	建新镇	聚龙小区安置房建设工地内	√	
264	闽A00308（仓山）	榕树	7	仓山区	建新镇	冠浦路钱隆金山小区北浦上玄帝庙	√	
265	闽A00309（仓山）	榕树	6.25	仓山区	建新镇	江边村洪湾南路路中央	√	
266	闽A00310（仓山）	榕树	5	仓山区	建新镇	湾边街南侧山坡上	√	
267	闽A00311（仓山）	榕树	9.3	仓山区	临江街道	下池小区内7号楼边	√	
268	闽A00312（仓山）	榕树	8.1	仓山区	临江街道	下池小区内7号楼旁	√	
269	闽A00313（仓山）	榕树	6.05	仓山区	三叉街道	三高路种福寺前	√	
270	闽A00314（仓山）	榕树	4	仓山区	下渡街道	展进里粮兴花园西北角亭子旁	√	
271	闽A00315（仓山）	榕树	8.5	仓山区	下渡街道	朝阳路310-3号仙佛寺内	√	
272	闽A00316（仓山）	榕树	4.58	仓山区	下渡街道	朝阳路310-3号流泽境台阶旁	√	
273	闽A00317（仓山）	榕树	4.4	仓山区	盖山镇	仓山镇东升洋洋亭外侧	√	
275	闽A00319（仓山）	榕树	6	仓山区	对湖街道	施浦路（学生街）48号旁	√	
276	闽A00320（仓山）	榕树	6.2	仓山区	金山街道	葛屿路葛仙境庙北侧	√	
278	闽A00323（仓山）	榕树	5.61+3.81	仓山区	盖山镇	鼓山大桥桥下龙江上莲境背后	√	
279	闽A00324（仓山）	榕树	5.84	仓山区	盖山镇	鼓山大桥桥下龙江上莲境背后	√	
280	闽A00325（仓山）	雅榕	4.7	仓山区	盖山镇	半田村102号附近	√	
281	闽A00326（仓山）	荔枝	0.6+0.37+1.2	仓山区	螺洲镇	螺洲新城2区停车场东北侧	√	
282	闽A00327（仓山）	榕树	6.5（1.1+4.25）	仓山区	建新镇	高宅村高宅201号香积寺西侧	√	
285	闽A00330（仓山）	榕树	4.1	仓山区	建新镇	流花溪公园香积寺北侧，流花溪东岸	√	
287	闽A00332（仓山）	榕树	5.6	仓山区	建新镇	流花溪公园香积寺北侧，流花溪东岸	√	
296	闽A00341（仓山）	榕树	4.1	仓山区	盖山镇	高湖村棋杆46-6号前	√	
297	闽A00342（仓山）	樟树	3.6（1.9+2.18）	仓山区	仓前街道	仓前天安里9号广播宿舍	√	
307	闽A00353（仓山）	榕树	4.74+0.95	仓山区	盖山镇	湖胶村（裹湖祖境）西南角	√	
313	闽A00359（仓山）	龙眼	2.28（1.2+0.78）	仓山区	盖山镇	湖胶村黎升靠南二环边	√	
325	闽A00371（仓山）	榕树	4.1	仓山区	盖山镇	后坂村槛前杨氏宗祠西南侧	√	
328	闽A00374（仓山）	榕树	6.77（5+3.11）	仓山区	盖山镇	郭宅村白湖港旁靠南二环南侧龙道庵旁	√	
334	闽A00382（仓山）	荔枝	2.9（1.6+1.6）	仓山区	螺洲镇	敖山村7号门前（南侧）	√	
338	闽A00386（仓山）	榕树	5.81	仓山区	螺洲镇	螺洲杜园花园道南杨氏宗祠门口	√	

（续）

序号	编号	树种	树围（m）	行政区划	乡镇街道	生长地点	古树	名木
339	闽A00387（仓山）	榕树	6.4	仓山区	螺洲镇	螺洲杜园花园杜园101号门前	√	
341	闽A00389（仓山）	龙眼	3.1（1.36+1.8）	仓山区	城门镇	仓山区城韵幼儿园后山/城门村城南276号	√	
349	闽A00397（仓山）	荔枝	3.56（1.4+1+1）	仓山区	螺洲镇	店前村螺洲街121号前	√	
351	闽A00399（仓山）	榕树	6.3	仓山区	盖山镇	宅岐村后井100号坊下亭围墙内	√	
352	闽A00400（仓山）	榕树	4.3	仓山区	盖山镇	宅岐村后井23-1号西北侧	√	
353	闽A00401（仓山）	榕树	4.6	仓山区	盖山镇	后坂村下池小组30号门前	√	
354	闽A00402（仓山）	樟树	3.09（1.7+2.7）	仓山区	盖山镇	后坂村下池小组33-1号门前	√	
358	闽A00406（仓山）	榕树	11.77	仓山区	盖山镇	浦下村龙桥正境西侧桥头	√	
361	闽A00409（仓山）	榕树	5.8	仓山区	盖山镇	浦下村福慧寺外侧路边	√	
362	闽A00410（仓山）	榕树	4.7	仓山区	盖山镇	浦下村福慧寺西侧拆迁工地内	√	
369	闽A00428（仓山）	秋枫	5.67	仓山区	盖山镇	郭宅集贸市场北侧万寿亭南白湖港旁	√	
371	闽A00430（仓山）	红榕	7.8	仓山区	盖山镇	郭宅集贸市场白湖港旁	√	
373	闽A00432（仓山）	荔枝	4.16（1.48+1.9）	仓山区	螺洲镇	敖山村9号门前	√	
374	闽A00433（仓山）	荔枝	2.06（0.88+1.5）	仓山区	螺洲镇	敖山村16号院内	√	
375	闽A00434（仓山）	荔枝	3.23（1.39+0.9）	仓山区	螺洲镇	敖山村16号院内	√	
379	闽A00438（仓山）	荔枝	3.62（1.5+1.58）	仓山区	螺洲镇	店前村造船铺53号北侧池塘边	√	
380	闽A00439（仓山）	荔枝	3.75（1+1.5+2）	仓山区	螺洲镇	店前村造船铺东侧池塘边	√	
399	闽A00459（仓山）	龙眼	2.93（2+1.1+1）	仓山区	盖山镇	齐安村蛟边55号东侧	√	
407	闽A00467（仓山）	榕树	4.3	仓山区	建新镇	流花溪公园香积寺北侧，流花溪东岸	√	
414	闽A00474（仓山）	榕树	3.79	仓山区	城门镇	壁头村江边相公府东侧	√	
415	闽A00475（仓山）	朴树	3.1	仓山区	城门镇	壁头村江边相公府东北侧	√	
418	闽A00478（仓山）	榕树	3.6	仓山区	城门镇	壁头村江边相公府西北角坎边	√	
422	闽A00482（仓山）	榕树	4	仓山区	城门镇	厚峰村后坂86号门前	√	
432	闽A00492（仓山）	榕树	4.4	仓山区	城门镇	梁厝村有求必应庙东北侧	√	
434	闽A00495（仓山）	榕树	4.86（1.57+2.9）	仓山区	城门镇	梁厝村有求必应庙东北侧	√	
435	闽A00496（仓山）	榕树	4.59	仓山区	城门镇	梁厝村有求必应庙东北侧	√	
438	闽A00499（仓山）	榕树	6.02（2.4+3.13）	仓山区	城门镇	梁厝村有求必应庙东北侧	√	
445	闽A00506（仓山）	雅榕	3.87	仓山区	城门镇	樟岚村上董20-2号北极主宰庙旁	√	
446	闽A00507（仓山）	榕树	4.83	仓山区	城门镇	樟岚村上董42-3号东北侧村口	√	
450	闽A00511（仓山）	荔枝	2.27（1.31+0.9）	仓山区	城门镇	樟岚村上董10号门前	√	
458	闽A00519（仓山）	榕树	6	仓山区	城门镇	厚峰村后坂338号旁	√	
478	闽A00539（仓山）	榕树	4.7	仓山区	城门镇	下洋村黄厝98号北侧池塘边	√	
479	闽A00540（仓山）	榕树	3.8	仓山区	城门镇	下洋村黄厝普济桥桥头围墙边	√	
480	闽A00541（仓山）	榕树	5.6	仓山区	城门镇	下洋村黄厝普济公园	√	
481	闽A00542（仓山）	榕树	4.7	仓山区	城门镇	下洋村黄厝6号龙胜祖境南侧河边	√	
482	闽A00543（仓山）	榕树	4.7	仓山区	城门镇	下洋村黄厝6号龙胜祖境南侧河边		
484	闽A00545（仓山）	雅榕	6.3	仓山区	城门镇	下洋村黄厝村普济公园桥头	√	
490	闽A00551（仓山）	榕树	7.9	仓山区	城门镇	下洋村洋坑36-2号财神殿前	√	
492	闽A00553（仓山）	榕树	6.73	仓山区	城门镇	壁头村江边相公府西北侧	√	
493	闽A00554（仓山）	榕树	5.5	仓山区	城门镇	壁头村江边小庙旁	√	
495	闽A00556（仓山）	龙眼	2.59（1.18+1.1）	仓山区	城门镇	富安村三江路北侧荒地里	√	
497	闽A00558（仓山）	榕树	4.7	仓山区	城门镇	富安村三江路北侧荒地里	√	
509	闽A00570（仓山）	榕树	6.3	仓山区	城门镇	清富村三江路涵洞通道南侧工地边	√	
510	闽A00571（仓山）	榕树	5.18（2.03+2.1）	仓山区	城门镇	清富村三江路涵洞通道南侧工地边	√	
513	闽A00583（仓山）	榕树	10	仓山区	城门镇	下杨村下洲123号薛中军府东侧	√	

（续）

序号	编号	树种	树围（m）	行政区划	乡镇街道	生长地点	古树	名木
514	闽A00584（仓山）	榕树	10	仓山区	城门镇	下杨村下洲123号薛中军府东侧	√	
515	闽A00585（仓山）	榕树	6.4	仓山区	城门镇	下杨村下洲123号薛中军府东侧	√	
517	闽A00587（仓山）	榕树	12（3+3.4+3+2）	仓山区	城门镇	下洋村下洲123号北侧齐天府东侧	√	
518	闽A00588（仓山）	榕树	7.18	仓山区	城门镇	下洋村下洲禅霞府东侧	√	
519	闽A00589（仓山）	榕树	4.67	仓山区	城门镇	下洋村下洲龙腾东境东侧	√	
520	闽A00590（仓山）	榕树	6.48	仓山区	城门镇	下洋村下洲龙腾东境东侧	√	
521	闽A00591（仓山）	榕树	8.52（1.45+5.4）	仓山区	城门镇	下洋村下洲龙腾东境北侧	√	
523	闽A00593（仓山）	榕树	12.32	仓山区	城门镇	下洲村龙胜东境北侧	√	
524	闽A00594（仓山）	榕树	5.33	仓山区	城门镇	下洲村龙胜东境北侧	√	
528	闽A00598（仓山）	榕树	6.2	仓山区	城门镇	三江路隧道东侧中海紫御江山对面路中间	√	
529	闽A00600（仓山）	榕树	4.5	仓山区	城门镇	湖际村艳莲38号门口	√	
538	闽A00609（仓山）	榕树	4.7	仓山区	城门镇	下洋村黄厝124号门前	√	
547	闽A00618（仓山）	榕树	6.9	仓山区	盖山镇	建新南路海峡奥体中心周边4#地块安置房	√	
558	闽A00629（仓山）	樟树	5.5	仓山区	城门镇	樟岚村樟岚127号西侧	√	
559	闽A00630（仓山）	樟树	5	仓山区	城门镇	樟岚村樟岚127号西侧	√	
560	闽A00631（仓山）	榕树	5.11	仓山区	盖山镇	白湖村埔垱5-2号玄天上帝庙斜对面	√	
561	闽A00632（仓山）	榕树	4.5	仓山区	盖山镇	北园村小门路138号闽王纪念堂王氏宗祠西	√	
565	闽A00638（仓山）	樟树	3.27	仓山区	对湖街道	施埔路125号福州盲人院内	√	
566	闽A00639（仓山）	榕树	8	仓山区	对湖街道	施埔路125-1号东方人自主KTV背后	√	
568	闽A00641（仓山）	榕树	4.5	仓山区	盖山镇	仓山区后坂小街108号门前	√	
572	闽A00646（仓山）	樟树	3.5	仓山区	螺洲镇	乾元村乾元33-1号院内	√	
573	闽A00647（仓山）	雅榕	5.5	仓山区	螺洲镇	乾元村31号院内	√	
577	闽A00651（仓山）	樟树	4.54（2.18+2.5）	仓山区	螺洲镇	灵山禅寺地藏殿门前	√	
588	闽A00662（仓山）	龙眼	3.57（1+1.2+1）	仓山区	螺洲镇	吴厝村吴厝江墘理3号门前南侧	√	
589	闽A00663（仓山）	龙眼	3.37（1+1.1+1）	仓山区	螺洲镇	吴厝村吴厝江墘理9-1号门前/南侧	√	
590	闽A00664（仓山）	荔枝	3.2（1.2+2+1）	仓山区	螺洲镇	吴厝村吴厝江墘理9号南侧	√	
591	闽A00665（仓山）	荔枝	3.69（1+1.4+1）	仓山区	螺洲镇	吴厝村吴厝江墘理10号南侧	√	
602	闽A00677（仓山）	榕树	6.28	仓山区	红星农场	红星农场首头6-1房前	√	
603	闽A00678（仓山）	雅榕	5.03	仓山区	红星农场	红星农场通鹤路62-1附近村道边	√	
604	闽A00682（仓山）	榕树	4.71	仓山区	盖山镇	吴凤村吴屿107-5房屋旁	√	
617	闽A00695（仓山）	榕树	4.54	仓山区	城门镇	浚边村间山大法院后	√	
624	闽A00702（仓山）	龙眼	3.36（1+1.44+1）	仓山区	螺洲镇	洲尾村洲尾街34号对面	√	
634	闽A00712（仓山）	荔枝	4.7（3+1+1.5）	仓山区	盖山镇	白湖村（南二环北侧内河西侧）	√	
635	闽A00713（仓山）	榕树	5.54	仓山区	仓前街道	仓山区乐群路青少年心理咨询中心围墙	√	
655	闽A00733（仓山）	榕树	5	仓山区	城门镇	南江滨东大道天仙府内	√	
656	闽A00734（仓山）	榕树	5	仓山区	城门镇	南江滨东大道天仙府西侧	√	
685	闽A00764（仓山）	榕树	5	仓山区	建新镇	鹭岭路巡山雷太保旁	√	
686	闽A00765（仓山）	榕树	5	仓山区	建新镇	鹭岭路巡山雷太保旁	√	
689	闽A00768（仓山）	榕树	6.6	仓山区	螺洲镇	乾元村乾元44号旁	√	
693	闽A00773（仓山）	雅榕	5.05	仓山区	城门镇	龙江村竹楼合浦上境尊王庙旁	√	
696	闽A00776（仓山）	榕树	5.5	仓山区	临江街道	朝阳路福州市公安局仓山分局宿舍	√	
698	闽A00134（仓山）	榕树	8	仓山区	城门镇	福濂村林浦垱2号林浦境旁		√
699	闽A00141（仓山）	芒果	2.16	仓山区	城门镇	城门村委（林之夏故居）内		√

晋安区一级古树名木目录（2020年7月）

序号	编号	树种	树围（m）	行政区划	乡镇街道	生长地点	古树	名木
1	闽A00002（晋安）	榕树	6.5	晋安区	新店镇	厦坊路西元村西园795号福州财神庙门前	√	
2	闽A00004（晋安）	雅榕	6.44	晋安区	新店镇	汤斜村62号光华境北侧	√	
3	闽A00005（晋安）	榕树	8.46	晋安区	新店镇	坂中村坂中88号龙峰正境前	√	
4	闽A00006（晋安）	雅榕	8.27	晋安区	新店镇	赤星村盛世星城美乐幼儿园内	√	
5	闽A00007（晋安）	雅榕	6.57	晋安区	鼓山镇	牛岗山公园内安东侯祖殿门前	√	
6	闽A00008（晋安）	樟树	4.62	晋安区	鼓山镇	秀岭村良种厂兴安境门前	√	
7	闽A00009（晋安）	雅榕	7.3	晋安区	鼓山镇	秀岭村良种厂兴安境门前	√	
8	闽A00010（晋安）	荔枝	3.7	晋安区	岳峰镇	岳峰中心小学教学楼北侧	√	
9	闽A00011（晋安）	樟树	4.79	晋安区	鼓山镇	鼓山涌泉寺妙吉祥殿南侧	√	
10	闽A00012（晋安）	樟树	4.44	晋安区	鼓山镇	鼓山涌泉寺放生池南侧	√	
11	闽A00013（晋安）	枫香	4.3	晋安区	鼓山镇	鼓山涌泉寺放生池东侧	√	
12	闽A00014（晋安）	枫香	4.77	晋安区	鼓山镇	鼓山涌泉寺放生池东侧	√	
13	闽A00015（晋安）	樟树	4.17	晋安区	鼓山镇	鼓山涌泉寺观音殿西南侧护栏外	√	
14	闽A00017（晋安）	闽润楠	3.14	晋安区	鼓山镇	鼓山涌泉寺放生池东侧坎上	√	
15	闽A00018（晋安）	苏铁	1.54	晋安区	鼓山镇	鼓山涌泉寺方丈室	√	
16	闽A00019（晋安）	苏铁	1.5	晋安区	鼓山镇	鼓山涌泉寺方丈室	√	
17	闽A00020（晋安）	苏铁	2	晋安区	鼓山镇	鼓山涌泉寺方丈室	√	
18	闽A00022（晋安）	枫香	5	晋安区	鼓山镇	鼓山涌泉寺西侧山上	√	
19	闽A00024（晋安）	樟树	4.51	晋安区	鼓山镇	鼓山涌泉寺西侧山上	√	
21	闽A00026（晋安）	樟树	8.2+6	晋安区	鼓山镇	鼓山涌泉寺后山国师之塔东侧	√	
22	闽A00027（晋安）	樟树	5.3	晋安区	鼓山镇	鼓山涌泉寺后山祖堂东北侧	√	
23	闽A00028（晋安）	樟树	4.5	晋安区	鼓山镇	鼓山涌泉寺东侧山坡大悲楼东侧	√	
24	闽A00029（晋安）	樟树	3.5	晋安区	鼓山镇	鼓山涌泉寺西侧山上	√	
25	闽A00030（晋安）	柳杉	9.54	晋安区	宦溪镇	鼓岭柳杉王公园内柳杉王神位东侧	√	
26	闽A00032（晋安）	雅榕	9.3	晋安区	新店镇	赤桥村森林公园"榕树王"	√	
27	闽A00033（晋安）	雅榕	3.6	晋安区	新店镇	浦墩28号门前路对面	√	
28	闽A00034（晋安）	樟树	4.8	晋安区	岳峰镇	登云水库登云山庄西侧133米处	√	
29	闽A00036（晋安）	雅榕	8	晋安区	新店镇	东园村东园92号首凤境门前	√	
30	闽A00016（晋安）	油杉	2.89	晋安区	鼓山镇	鼓山喝水岩听水亭旁		√
31	闽A00021（晋安）	丹桂	1.8	晋安区	鼓山镇	鼓山涌泉寺法堂前		√

晋安区二级古树名木目录（2020年7月）

序号	编号	树种	树围（m）	行政区划	乡镇街道	生长地点	古树	名木
1	闽A00037（晋安）	榕树	6.27	晋安区	王庄街道	福马路福晟国际中心北侧路边	√	
3	闽A00039（晋安）	榕树	5.5	晋安区	王庄街道	福马路福晟国际中心北侧路边	√	
6	闽A00042（晋安）	榕树	5	晋安区	王庄街道	福马路福晟国际中心北侧路边	√	
7	闽A00043（晋安）	榕树	5.37	晋安区	茶园街道	沁园支路49号南昌铁路局福州办事处北门前	√	
8	闽A00044（晋安）	榕树	6	晋安区	茶园街道	沁园支路49号南昌铁路局福州办事处	√	
9	闽A00045（晋安）	榕树	7	晋安区	茶园街道	茶园横路茶园农民新村幼儿园南侧路边	√	
11	闽A00047（晋安）	榕树	2+2+4	晋安区	岳峰镇	红星村金鸡山疗养院门诊楼南侧	√	
13	闽A00049（晋安）	榕树	4.18	晋安区	岳峰镇	琯尾街195号地藏寺对面停车场	√	
15	闽A00051（晋安）	榕树	6.23	晋安区	岳峰镇	桂香街66号桂香社区卫生服务站门前	√	
16	闽A00052（晋安）	樟树	6.28	晋安区	岳峰镇	岳峰村岳前117号门前	√	
17	闽A00053（晋安）	榕树	4.5	晋安区	象园街道	国货东路东泰新村西北侧寺庙旁	√	

（续）

序号	编号	树种	树围（m）	行政区划	乡镇街道	生长地点	古树	名木
18	闽A00054（晋安）	榕树	3+2+2	晋安区	象园街道	秀坂巷晋安四小南侧围墙外白马古王庙内	√	
19	闽A00055（晋安）	雅榕	5.6	晋安区	新店镇	新店村后坂福晟钱隆御景6号楼北围墙外	√	
21	闽A00057（晋安）	雅榕	4.58	晋安区	新店镇	新店村后塘龙头路与新厦路交叉口南侧路中间	√	
22	闽A00058（晋安）	榕树	7.4	晋安区	岳峰镇	塔头路337号二化新村福州东门驾校内	√	
32	闽A00068（晋安）	雅榕	7.22	晋安区	新店镇	新店村新店322号门口南侧	√	
34	闽A00070（晋安）	榕树	6.36	晋安区	新店镇	象峰村象山353号东西境西侧	√	
44	闽A00080（晋安）	榕树	5.94	晋安区	新店镇	西园路26号奇山新苑1号楼西侧	√	
47	闽A00083（晋安）	雅榕	8.3	晋安区	新店镇	泉头村泉头农场路边	√	
49	闽A00085（晋安）	榕树	5.3	晋安区	新店镇	泉头村泉头农场路边	√	
50	闽A00086（晋安）	榕树	5	晋安区	新店镇	泉头村泉头农场路边	√	
51	闽A00087（晋安）	榕树	5.9	晋安区	新店镇	泉头村泉头胜境西侧	√	
53	闽A00089（晋安）	榕树	8.32	晋安区	新店镇	泉头村世茂云图一期项目工地内	√	
54	闽A00090（晋安）	榕树	5	晋安区	新店镇	泉头村泉头胜境东北侧水沟旁	√	
55	闽A00091（晋安）	榕树	5.11	晋安区	王庄街道	福马路福晟国际中心北侧路边	√	
59	闽A00096（晋安）	榕树	5.5	晋安区	新店镇	洞田村福建农业科学院后山金吾古迹前	√	
60	闽A00097（晋安）	榕树	6.11	晋安区	新店镇	洞田村福建农业科学院后山金吾古迹背后	√	
62	闽A00099（晋安）	榕树	5.1	晋安区	新店镇	后山村后山145号厚山镜前	√	
65	闽A00102（晋安）	榕树	5.98	晋安区	新店镇	桂山村67-9号奇境境门前	√	
67	闽A00104（晋安）	雅榕	5	晋安区	新店镇	桂山村7-2号院内	√	
68	闽A00105（晋安）	雅榕	5	晋安区	新店镇	坂中路闽台创意园门口东侧	√	
69	闽A00106（晋安）	榕树	4.8	晋安区	新店镇	溪里村满洋兴隆境内	√	
70	闽A00107（晋安）	雅榕	4.9	晋安区	新店镇	溪里村满洋兴隆境内	√	
72	闽A00109（晋安）	雅榕	4.9	晋安区	新店镇	郭前村珍珠谷111号门前	√	
74	闽A00111（晋安）	雅榕	5.53	晋安区	新店镇	郭前村山北路枫丹白露居住主题公园180号楼南	√	
75	闽A00112（晋安）	榕树	6.11	晋安区	新店镇	郭前村山北路枫丹白露居住主题公园180号楼南	√	
77	闽A00114（晋安）	榕树	7.42	晋安区	新店镇	郭前村山北路枫丹白露小学门前路中间	√	
78	闽A00115（晋安）	雅榕	4.5+5	晋安区	新店镇	杨廷村789号福州中加学校大门进门处	√	
81	闽A00118（晋安）	雅榕	6.2	晋安区	新店镇	鹅峰村横厝38号象峰崇福寺进门处溪边	√	
84	闽A00121（晋安）	樟树	5.1	晋安区	新店镇	鹅峰村横厝38号象峰崇福寺员工生活区	√	
85	闽A00122（晋安）	榕树	7.22	晋安区	新店镇	鹅峰村东埔顶34号院内	√	
86	闽A00123（晋安）	榕树	4.69	晋安区	新店镇	鹅峰村鹅峰小学东侧围墙外	√	
87	闽A00124（晋安）	榕树	5.8	晋安区	新店镇	战峰村下柳180-1号厦坊溪边	√	
88	闽A00125（晋安）	樟树	4.26	晋安区	新店镇	战峰村上柳1-8号门前	√	移植
90	闽A00127（晋安）	雅榕	7.42	晋安区	新店镇	汤斜村汤斜溪边	√	移植
91	闽A00128（晋安）	雅榕	5	晋安区	新店镇	汤斜村汤斜59-6号登云堂前	√	
95	闽A00132（晋安）	榕树	5.63	晋安区	新店镇	斗顶村157号祥安正境前	√	
96	闽A00133（晋安）	雅榕	4.51	晋安区	新店镇	西垅村老人馆前	√	
103	闽A00140（晋安）	雅榕	5.02	晋安区	新店镇	琴亭村东浦路西园公交站旁	√	
105	闽A00143（晋安）	樟树	3.9+3	晋安区	新店镇	凤池村凤池9-1号旁	√	
108	闽A00146（晋安）	榕树	4.93	晋安区	新店镇	福州第七中学志学楼南侧	√	
109	闽A00147（晋安）	榕树	8.8	晋安区	新店镇	福州第七中学志学楼南侧	√	
111	闽A00150（晋安）	雅榕	4.15+4	晋安区	新店镇	赤桥村森林公园桃花园南侧溪边	√	
112	闽A00151（晋安）	雅榕	4.49	晋安区	新店镇	赤桥村森林公园正心寺门前	√	

（续）

序号	编号	树种	树围（m）	行政区划	乡镇街道	生长地点	古树	名木
114	闽A00153（晋安）	榕树	1.77+3	晋安区	鼓山镇	远洋路523号凤浦堂陈定波烈士纪念馆西侧	√	
115	闽A00154（晋安）	榕树	4.4+1+1	晋安区	鼓山镇	远洋路光明港公园内	√	
117	闽A00156（晋安）	榕树	4（3+2.）	晋安区	鼓山镇	远中村远中812号门口对面老人馆内	√	
118	闽A00157（晋安）	榕树	7.0（4+6）	晋安区	鼓山镇	前屿东路上洋小区内象洋境旁	√	
119	闽A00158（晋安）	榕树	1.7+4	晋安区	鼓山镇	前屿东路上洋小区上洋村委会前	√	
120	闽A00159（晋安）	榕树	5.5	晋安区	鼓山镇	前屿东路上洋小区内齐天府旁	√	
122	闽A00161（晋安）	榕树	4+4+2	晋安区	鼓山镇	前横南路盛天现代城5号楼北侧游乐场内	√	
123	闽A00162（晋安）	榕树	5	晋安区	鼓山镇	前横南路盛天现代城进门处	√	
124	闽A00163（晋安）	榕树	5	晋安区	鼓山镇	前横南路盛天现代城进门处	√	
128	闽A00167（晋安）	榕树	5	晋安区	鼓山镇	远洋路光明港公园凤阳道头林氏故里石碑北侧	√	
129	闽A00168（晋安）	榕树	4.92	晋安区	鼓山镇	远洋路光明港公园凤阳道头林氏故里石碑北	√	
130	闽A00169（晋安）	榕树	5.15	晋安区	鼓山镇	远东村凤洋将军庙西侧	√	
131	闽A00170（晋安）	榕树	6+2+1+1	晋安区	鼓山镇	远东村凤洋将军庙东侧	√	
132	闽A00171（晋安）	榕树	4.42+2	晋安区	鼓山镇	远东村凤洋将军庙东侧	√	
135	闽A00174（晋安）	榕树	3.9	晋安区	鼓山镇	鼓四村王厝里73号旁	√	
136	闽A00175（晋安）	樟树	4.7	晋安区	岳峰镇	登云路82号福州溪口北山杨真君祖殿	√	
137	闽A00176（晋安）	榕树	4.7	晋安区	鼓山镇	福建省海峡环保集团股份有限公司内	√	
139	闽A00178（晋安）	榕树	4.7	晋安区	鼓山镇	福建省海峡环保集团股份有限公司内	√	
142	闽A00181（晋安）	榕树	5	晋安区	鼓山镇	福马路鼓山隧道口西侧路边	√	
144	闽A00183（晋安）	雅榕	4	晋安区	鼓山镇	洋里村上坡197号西侧	√	
147	闽A00186（晋安）	雅榕	4.7	晋安区	鼓山镇	鼓山风景区山脚下石拱门右边	√	
150	闽A00191（晋安）	榕树	3.7	晋安区	鼓山镇	鼓山风景区闽山第一亭背后	√	
151	闽A00192（晋安）	榕树	4.5	晋安区	鼓山镇	鼓山风景区闽山第一亭背后	√	
156	闽A00197（晋安）	榕树	5.2	晋安区	鼓山镇	洋里村牛山532号门前	√	
158	闽A00199（晋安）	榕树	8	晋安区	鼓山镇	洋里村牛山村铁路职工宿舍北侧望山路边	√	
159	闽A00200（晋安）	榕树	5	晋安区	鼓山镇	洋里村牛山226号祖奶殿边	√	
165	闽A00216（晋安）	榕树	5.6	晋安区	鼓山镇	前横南路福州市前屿小学西侧拆迁工地内	√	
167	闽A00218（晋安）	榕树	5.35	晋安区	鼓山镇	前横南路福州市前屿小学东侧拆迁工地内	√	
168	闽A00219（晋安）	榕树	6	晋安区	鼓山镇	前横南路前屿村幼儿园拆迁工地内	√	
169	闽A00221（晋安）	榕树	4.58	晋安区	鼓山镇	前横南路福州市前屿小学教学楼南侧	√	
170	闽A00222（晋安）	榕树	3.14	树高15m	鼓山镇	福马路鼓一村1号门前（白马三郎庙）	√	
171	闽A00223（晋安）	榕树	5.98	树高18m	鼓山镇	古一村松山巷9号白马三郎庙西侧	√	
175	闽A00227（晋安）	榕树	6.01	晋安区	鼓山镇	东山村94号狮子峰紫竹境观音堂背后	√	
177	闽A00229（晋安）	雅榕	5.93	晋安区	鼓山镇	东山村村口	√	
178	闽A00230（晋安）	榕树	5.2	晋安区	鼓山镇	东山村131号东山狮峰境前	√	
182	闽A00234（晋安）	雅榕	6.2	晋安区	鼓山镇	园中村39号旁	√	
183	闽A00235（晋安）	雅榕	5.78	晋安区	鼓山镇	园中村东区水厂南坂凤坂支河边	√	
184	闽A00236（晋安）	雅榕	5.7	晋安区	鼓山镇	园中村东区水厂南坂凤坂支河边	√	
185	闽A00237（晋安）	雅榕	4.87	晋安区	鼓山镇	福州市潭园小学北侧围墙外路边	√	
186	闽A00238（晋安）	雅榕	5.08	晋安区	鼓山镇	园中村路边靠北三环路口	√	
187	闽A00239（晋安）	雅榕	6.5	晋安区	鼓山镇	园中村福州大北农生物技术有限公司禅修堂北	√	
190	闽A00242（晋安）	榕树	5.5	晋安区	鼓山镇	埠兴村埠头桥19-1号院内	√	
192	闽A00244（晋安）	榕树	6.88	晋安区	鼓山镇	埠兴村埠头桥141号门前	√	

（续）

序号	编号	树种	树围（m）	行政区划	乡镇街道	生长地点	古树	名木
193	闽A00245（晋安）	榕树	4.5	晋安区	鼓山镇	埠兴村春兰里312号西侧台阶旁	√	
194	闽A00246（晋安）	榕树	5.15	晋安区	鼓山镇	埠兴村春兰里169号西侧河边	√	
196	闽A00248（晋安）	雅榕	5（2+3）	晋安区	鼓山镇	埠兴村春兰里73号门前	√	
199	闽A00251（晋安）	榕树	5.4	晋安区	鼓山镇	红光村新厝队	√	
201	闽A00253（晋安）	榕树	5.28	晋安区	鼓山镇	福马路前屿村拆迁工地内	√	
204	闽A00256（晋安）	榕树	5.7	晋安区	鼓山镇	鳝溪风景区白马王庙门口西	√	
205	闽A00257（晋安）	榕树	6.57	晋安区	鼓山镇	鳝溪风景区白马王庙门口东	√	
206	闽A00258（晋安）	榕树	4.3	晋安区	鼓山镇	鳝溪风景区白马王庙内	√	
207	闽A00259（晋安）	榕树	5	晋安区	鼓山镇	鳝溪风景区白马王庙西北角厕所旁	√	
208	闽A00260（晋安）	榕树	5.7	晋安区	鼓山镇	鳝溪公园鳝溪钓鱼台烧烤园内	√	
209	闽A00261（晋安）	榕树	5.77	晋安区	鼓山镇	鳝溪公园鳝溪钓鱼台烧烤园内	√	
210	闽A00262（晋安）	榕树	6.79	晋安区	鼓山镇	鳝溪公园鳝溪钓鱼台烧烤园内	√	
211	闽A00263（晋安）	榕树	6.55	晋安区	鼓山镇	鳝溪白马王庙东墙外	√	
216	闽A00268（晋安）	榕树	4.83	晋安区	鼓山镇	福光路28号康居康园7号楼西侧	√	
217	闽A00269（晋安）	榕树	4.35	晋安区	鼓山镇	福光路28号康居康园7号楼西侧	√	
220	闽A00272（晋安）	榕树	4.09	晋安区	鼓山镇	鼓四村武圣殿桥头	√	
221	闽A00273（晋安）	榕树	4+2+2.5	晋安区	鼓山镇	鼓四村市公安局晋安分局干警宿舍西北侧	√	
222	闽A00274（晋安）	榕树	6.09	晋安区	鼓山镇	樟林村381号樟林境祖庙门口	√	
223	闽A00275（晋安）	榕树	6.3（4+4）	晋安区	鼓山镇	樟林村381号樟林境祖庙门前	√	
226	闽A00278（晋安）	榕树	5.1	晋安区	鼓山镇	樟林村樟林572号旁	√	
228	闽A00280（晋安）	榕树	5.2	晋安区	鼓山镇	樟林村樟林626号门前对面坎上	√	
229	闽A00281（晋安）	雅榕	6	晋安区	鼓山镇	樟林村366号门前	√	
231	闽A00283（晋安）	雅榕	6	晋安区	鼓山镇	焦坑57号旁	√	
232	闽A00284（晋安）	雅榕	6	晋安区	鼓山镇	焦坑16号门旁	√	
233	闽A00285（晋安）	雅榕	5.5	晋安区	鼓山镇	焦坑16号门前	√	
235	闽A00287（晋安）	榕树	6.2	晋安区	鼓山镇	秀岭村五灵公庙	√	
236	闽A00288（晋安）	榕树	6.88	晋安区	鼓山镇	秀岭61-1号西侧秀岭境东侧	√	
237	闽A00289（晋安）	榕树	5.6	晋安区	鼓山镇	横屿村直街后山叶心林厝后	√	
238	闽A00290（晋安）	榕树	8.5	晋安区	鼓山镇	横屿村直街116号孙王爷殿门前	√	
239	闽A00291（晋安）	榕树	5.5	晋安区	鼓山镇	横屿村直街116号孙王爷殿院内	√	
240	闽A00292（晋安）	榕树	6.3	晋安区	鼓山镇	横屿村直街114号园通古寺前	√	
242	闽A00294（晋安）	榕树	5.2	晋安区	鼓山镇	横屿村直街116号孙王爷殿门前坎下	√	
249	闽A00301（晋安）	榕树	4.8	晋安区	鼓山镇	东三环狮峰新苑小区	√	
253	闽A00305（晋安）	榕树	5.4	晋安区	鼓山镇	横屿村拥上商细货厝前	√	
258	闽A00310（晋安）	榕树	5（3+3）	晋安区	鼓山镇	横屿村东头拆迁工地内	√	
263	闽A00315（晋安）	榕树	4.75	晋安区	鼓山镇	横屿村东头拆迁工地内	√	
264	闽A00316（晋安）	榕树	5（2+1）	晋安区	鼓山镇	横屿村东头拆迁工地内	√	迁移
265	闽A00317（晋安）	榕树	5.3	晋安区	鼓山镇	横屿村东头拆迁工地内	√	迁移
266	闽A00318（晋安）	榕树	5	晋安区	鼓山镇	横屿村东头拆迁工地内	√	
268	闽A00320（晋安）	榕树	8.76	晋安区	鼓山镇	中联东郡花园西北角围墙外东山路中间	√	
272	闽A00325（晋安）	雅榕	6	晋安区	鼓山镇	横屿村湖重燕圆庵庙旁	√	
273	闽A00326（晋安）	榕树	5	晋安区	鼓山镇	横屿村湖重燕圆庵庙旁西侧	√	
276	闽A00329（晋安）	樟树	7.71	晋安区	新店镇	鹅峰村东埔顶7号东侧果园内	√	
279	闽A00333（晋安）	榕树	1.0+4	晋安区	鼓山镇	湖唐路锦塘陈府小姐庙南盛辉物流湖塘提货点	√	
281	闽A00335（晋安）	榕树	5.55	晋安区	鼓山镇	潭桥板桥村原村庙边靠路	√	

（续）

序号	编号	树种	树围（m）	行政区划	乡镇街道	生长地点	古树	名木
282	闽 A00336（晋安）	榕树	6.5	晋安区	岳峰镇	安亭路公园左岸建设工地内北侧	√	
283	闽 A00337（晋安）	榕树	5	晋安区	岳峰镇	安亭路公园左岸建设工地内北侧	√	
284	闽 A00338（晋安）	榕树	2.4+4	晋安区	鼓山镇	鹤林路牛岗山公园东侧公共厕所旁	√	
286	闽 A00340（晋安）	雅榕	6.3	晋安区	岳峰镇	晋安区公园左岸建设工地内	√	
287	闽 A00341（晋安）	雅榕	4.7	晋安区	岳峰镇	晋安区公园左岸建设工地内	√	
289	闽 A00344（晋安）	榕树	6.3	晋安区	岳峰镇	鹤林一期b岗岳峰新城二区小区入口处	√	
290	闽 A00345（晋安）	榕树	19.8	晋安区	岳峰镇	融侨悦城小区北，福州三中南门马路对面	√	
291	闽 A00346（晋安）	雅榕	5.7	晋安区	新店镇	新店村	√	
293	闽 A00348（晋安）	榕树	5	晋安区	鼓山镇	鼓一村与气象局交界处墙外	√	
320	闽 A00385（晋安）	龙眼	1.6	高9.8m	鼓山镇	潭桥佳园小区西侧围墙外，前横北路道路建设工地路东侧	√	迁移
324	闽 A00389（晋安）	龙眼	1.9	晋安区	鼓山镇	潭桥佳园小区西侧围墙外，前横北路道路建设工地路东侧	√	迁移
336	闽 A00401（晋安）	榕树	5.50	晋安区	鼓山镇	鼓四村魏厝里3号郭氏宗祠北侧	√	
340	闽 A00409（晋安）	龙眼	1.9	树高9m	鼓山镇	潭桥佳园小区西侧围墙外，前横北路道路建设工地路东侧	√	迁移
346	闽 A00416（晋安）	枫香	2.26+2	晋安区	鼓山镇	涌泉寺南门售票处旁	√	
348	闽 A00418（晋安）	樟树	4.77	晋安区	鼓山镇	鼓山涌泉寺放生池东侧	√	
369	闽 A00440（晋安）	樟树	4.7	晋安区	鼓山镇	涌泉寺西侧山上	√	
374	闽 A00445（晋安）	樟树	4.44	晋安区	鼓山镇	涌泉寺海天砥柱西侧	√	
376	闽 A00447（晋安）	枫香	3.33	晋安区	鼓山镇	涌泉寺车库旁	√	
383	闽 A00454（晋安）	榕树	5.2	晋安区	新店镇	省疾控中心新址（赤星村）	√	
384	闽 A00455（晋安）	榕树	5	晋安区	鼓山镇	樟林村樟林548号	√	
386	闽 A00457（晋安）	榕树	5	晋安区	鼓山镇	樟林村樟林397号八贤刘氏宗祠旁	√	
412	闽 A00484（晋安）	榕树	4.7	晋安区	新店镇	泉头村35-3号西侧拆迁工地内	√	
414	闽 A00486（晋安）	榕树	5	晋安区	新店镇	浦墩28号门前路对面	√	
419	闽 A00491（晋安）	樟树	5.1	晋安区	鼓山镇	魁岐村福州海王福药制药公司光荣楼前	√	
444	闽 A00516（晋安）	樟树	4.7	晋安区	鼓山镇	魁岐村福州海王福药制药公司校长楼墙内	√	
449	闽 A00521（晋安）	榕树	4.8	晋安区	鼓山镇	魁岐村福州海王福药制药公司北教师宿舍4东蓄水池	√	
462	闽 A00534（晋安）	榕树	3+3+3	晋安区	岳峰镇	康山社区康山顶康山庙西侧	√	
465	闽 A00537（晋安）	雅榕	5	晋安区	鼓山镇	鼓一村	√	

马尾区一级古树名木目录（2020年7月）

序号	编号	树种	树围（m）	行政区划	乡镇街道	生长地点	古树	名木
1	闽 A00001（马尾）	榕树	7.54	马尾区	罗星街道	罗星塔公园罗星塔南侧		塔榕

马尾区二级古树名木目录（2020年7月）

序号	编号	树种	树围（m）	行政区划	乡镇街道	生长地点	古树	名木
1	闽 A00005（马尾）	榕树	4.3+2.53	马尾区	罗星街道	罗星塔公园雕像背后	√	
2	闽 A00006（马尾）	榕树	5.2	马尾区	罗星街道	罗星塔公园亭子旁	√	
3	闽 A00007（马尾）	榕树	5.7	马尾区	罗星街道	昭忠路福建省轮船总公司劳动服务公司内	√	
4	闽 A00008（马尾）	榕树	2.8+4.8	马尾区	罗星街道	马限山公园门口	√	
5	闽 A00009（马尾）	榕树	7.2	马尾区	罗星街道	马限山公园船政精英馆南侧	√	

（续）

序号	编号	树种	树围（m）	行政区划	乡镇街道	生长地点	古树	名木
6	闽A00010（马尾）	榕树	8.9	马尾区	罗星街道	马限山公园船政精英馆南侧	√	
7	闽A00011（马尾）	榕树	6.6	马尾区	罗星街道	马限山公园船政精英馆南侧	√	
8	闽A00013（马尾）	榕树	9.1	马尾区	罗星街道	马限山公园船政精英馆北侧	√	
11	闽A00016（马尾）	榕树	5.6	马尾区	马尾镇	马尾造船股份有限公司	√	
14	闽A00019（马尾）	榕树	9	马尾区	马尾镇	马尾造船股份有限公司	√	
15	闽A00020（马尾）	榕树	2+2+3+3	马尾区	马尾镇	马尾造船股份有限公司	√	
16	闽A00021（马尾）	榕树	2+2+3+2	马尾区	马尾镇	马尾造船厂内	√	
17	闽A00022（马尾）	樟树	4.01	马尾区	马尾镇	马尾造船厂码头	√	就地保护
18	闽A00023（马尾）	榕树	3.3	马尾区	马尾镇	马尾造船厂车间旁	√	就地保护
19	闽A00024（马尾）	榕树	5.87	马尾区	马尾镇	马尾造船厂车间旁	√	就地保护
20	闽A00025（马尾）	榕树	5+45+2.2	马尾区	马尾镇	马尾造船厂仓库油漆配料间	√	就地保护
21	闽A00026（马尾）	榕树	6.86	马尾区	马尾镇	马尾造船厂综合仓库前	√	就地保护
22	闽A00027（马尾）	重阳木	4.11	马尾区	马尾镇	江滨东大道468号船政格致园学堂1号楼	√	
23	闽A00028（马尾）	榕树	5.51	马尾区	马尾镇	江滨东大道468号船政格致园池塘南	√	
24	闽A00029（马尾）	樟树	3.45	马尾区	马尾镇	江滨东大道468号船政格致园学堂2号楼	√	
26	闽A00031（马尾）	榕树	4.4	马尾区	马尾镇	江滨东大道468号船政格致园池塘南	√	
27	闽A00012（马尾）	榕树	4.1	马尾区	罗星街道	马限山公园船政精英馆北侧		√

参考文献

北京大百科全书编辑部.中国大百科全书:建筑·园林·城市规划设计卷[M].北京:中国大百科全书出版社,1988

陈俊愉,刘师汉.园林花卉[M].上海:上海科学技术出版社,1980.

陈俊愉.园林树木学.北京林业大学园林学院[M].1980.

董丽.园林花卉应用设计[M].北京:中国林业出版社,2003.

福建省科学技术委员会《福建植物志》编写组.福建植物志[M].福州:福建科学技术出版社,1982.

福州市园林绿化志编纂委员会.福州市园林绿化志[M].福州:海潮摄影艺术出版社,2000.

福州市政协文史资料委员会.福州古树史话[M].福州:海潮摄影艺术出版,2006.

福州市政协文史资料委员会·福州古树史话[M].福州:海潮摄影艺术出版社,2006.

兰灿堂.福建树木与文化[M].北京:中国林业出版社,2016.

梁心如.城市园林景观:广州园林建筑规划设计院作品集[M].沈阳:辽宁科学技术出版社,2000.

林璧符.让榕树造福榕城—记习总书记的榕树情怀[J].福州:海峡城市期刊,2017.12

林焰.榕树与榕树盆景[M].北京:中国科学技术出版社,1994.

林焰.意象园林[M].北京:机械工业出版社,2004.

林焰.园林花木景观应用图册[M].北京:机械工业出版社,2014.

林焰.中国榕树文化[M].北京:中国林业出版社,2020.

綦芬.多种榕树!"榕之城"打造升级版[N].福州晚报,2014年11月18日A4版.

苏雪痕.植物造景[M].北京:中国林业出版社,1994.

苏祖荣.苏孝同.森林与文化[M].北京:中国林业出版社,2012.

徐化成.景观生态学[M].北京:中国林业出版社,1996.

许奇.福建盆景集萃[M].福州:海潮摄影艺术出版社,2010.5

薛聪贤.景观植物实用图鉴[M].郑州:河南科学技术出版社,2002.

余树勋.园林美与园林艺术[M].北京:科学出版社,1987.

中国建筑标准设计研究院 建设部城市建设研究院风景园林所.环境景观 绿化种植设计[S].北京:中国建筑标准设计研究院,2003.

中国科学院植物研究所.中国高等植物图鉴[M].北京:科学出版社,1987.

中国科学院中国植物志编辑委员会.中国植物志:79卷[M].北京:科学出版社,2006.

中国科学院中国植物志编辑委员会.中国植物志:80卷[M].北京:科学出版社,2006.

周洪义.园林景观植物图鉴:上、下册[M].北京:中国建筑工业出版社,2010.

后　记

　　本书得到原福建省林业厅副厅长兰灿堂，原福建省林业厅处长陈建诚，原福建省住建厅厅长林坚飞，福建省住建厅规划处处长陈仲光，省住建厅规划处风景办副处长林国荣，福建省住建厅科技与设计处处长许奇高级工程师，原福建省住建厅副处级调研员苏淡光工程师，福建省树木园赖良秋工程师，政协福州委员会主任戚信总，原福州市文联主席陈章汉，福州市园林局杨晓局长、邱泰斌副处级调研员及徐伟教授级高工，原福州市于山风景区郭斌主任，和台江区、鼓楼区、仓山区、晋安区四区园林局，北京林业大学研究生班校友楼建勇园林大师与北林1974级校友李琦、张邵华、麦新霞、余崇华等高级工程师，华侨大学毕业生张丽君助理工程师以及福州市金山公园管理处，福州市绿化工程处及福州市园林中心下属各单位，福建省风景园林行业协会会长及福建长希园林工程建设有限公司董事长陈长希，漳州风景园林行业协会会长石若强，龙岩风景园林行业协会会长刘枝昌，福建省建筑设计研究院，福州市城乡规划设计研究院，福建省城乡规划设计研究院，福建东方园林有限公司，福建艺境生态建设集团有限公司练香莲，福州市花木有限责任公司林斌，福州市园林建设开发有限公司郑其新，福建荣冠环境建设集团有限公司何向荣等单位和个人的大力帮助，使本书顺利出版，在此，一并表示由衷感谢。本书得到北京林业大学孟兆祯院士关心支持，由原福建省林业厅黄建兴厅长，北京林业大学校友、福建省农林大学校长兰思仁，北京林业大学园林学院副院长罗乐题序。在此，表示衷心的感谢。

2022年6月